EUROPA-FACHBUCHREIHE
für Metallberufe

Arbeitsbuch

Sanitär-, Heizungs- und Klimatechnik

Lernfelder 1 – 4

Kruck

1. Auflage

Verlag Europa-Lehrmittel
Nourney, Vollmer GmbH & Co. KG
Düsselberger Straße 23
42781 Haan-Gruiten

Europa-Nr.: 14531

EUROPA LEHRMITTEL

Verfasser:
Robert Kruck

Verlagslektorat:
Dennis Erhard Kriwald

Bildbearbeitung:
Zeichenbüro des Verlags Europa-Lehrmittel, Nourney Vollmer GmbH & Co. KG, Ostfildern

1. Auflage 2023

Druck 5 4 3 2 1

Alle Drucke derselben Auflage sind parallel einsetzbar, da sie bis auf die Korrektur von Druckfehlern identisch sind.

ISBN 978-3-7585-1453-1

www.europa-lehrmittel.de

Satz und Layout: Typework Layoutsatz & Grafik GmbH, 86153 Augsburg

Umschlag: Zeichenbüro des Verlags Europa-Lehrmittel, Nourney Vollmer GmbH & Co. KG, Ostfildern

Umschlagfotos: © roustik – stock.adobe.com, © IRINA – stock.adobe.com, © nikkytok – stock.adobe.com, © rh2010 – stock.adobe.com

Druck: LD Medienhaus GmbH & Co. KG, 48683 Ahaus

Vorwort

Das im Verlag Europa-Lehrmittel neu erschienene **„Arbeitsbuch"** dient der Ausbildung im Beruf **Anlagenmechaniker/in für Sanitär-, Heizungs- und Klimatechnik.** Die im ersten Band vorliegenden Lernsituationen und Aufgaben für den handlungs- und lernfeldorientierten Unterricht decken das **1. Ausbildungsjahr (Lernfelder 1–4)** ab.

Der Inhalt dieses Arbeitsbuches ist auf folgende Lernfelder abgestimmt:

1. Bauelemente mit handgeführten Werkzeugen fertigen
2. Bauelemente mit Maschinen fertigen
3. Baugruppen herstellen und montieren
4. Technische Systeme instandhalten

Das Buch ist weitgehend so konzipiert, dass selbstständig darin gearbeitet werden kann. Aufgabe der Auszubildenden ist es, **das Tabellenbuch und Fachbuch** intensiv zu nutzen, bevor Fragen beantwortet werden. Dazu finden Sie am Rand Kästchen, um die entsprechend Seiten des Fach- und Tabellenbuches einzutragen.

Fachkunde

Tabellenbuch

Arbeitsauftrag

Im Anhang des Lösers finden Sie die **Seitenverweise** zu dem Fach- und Tabellenbuch des Verlages Europa-Lehrmittel: Europa-Nr.: 1521x und 16638.

Des Weiteren wurde nach jedem Thema ein Test, ein Quiz oder eine Klausur eingearbeitet. Diese sind im Arbeitsbuch mit einem orangen Winkel an der Außenseite der Seiten gekennzeichnet.

Außerdem finden sich immer wieder kleine Übungen zur (Selbst-)Reflexion, die überprüfen, inwieweit das Gelernte verstanden worden ist.

Alle Beispiele im Buch orientieren sich anhand der **Praxis.** Deshalb sind oft einige Erklärungen zu den Aufgaben ausführlicher dargestellt. Dies fördert das **selbstorganisierte Lernen** der Auszubildenden. Auch sollen die Erläuterungen im Band **Lehrkräften** helfen, die sich gerade erst in die Ausbildung der Anlagenmechaniker SHK einarbeiten.

Autor und Verlag sind allen Nutzern des Arbeitsbuches für Hinweise und Verbesserungsvorschläge an lektorat@europa-lehrmittel.de dankbar.

Viel Spaß und Erfolg wünsche ich allen Beteiligten.

Robert Kruck

Sommer 2023

Inhaltsverzeichnis

Arbeitsheft SHK – Lernfeld 1, Kapitel 1

Planen und Herstellen einer Montageschiene für Rohrleitungen

Ihr Geselle hat samstags im Notdienst einen Auftrag für die Installation einer Feuerlöschleitung erhalten.

Der Kunde ist eine Firma, die gerade eine neue Produktionshalle aufbaut. Die Abnahme des Brandschutzes steht an und die Feuerlöschleitung muss dringend fertiggestellt werden.

Das Gebäude ist eine Halle, in der die Produktion stattfindet. Eine Befestigung der Leitungen an der Decke ist nicht möglich. Deshalb wird eine Befestigung der Rohrleitungen mittels einer sogenannten Rohrkonsole an der Wand umgesetzt.

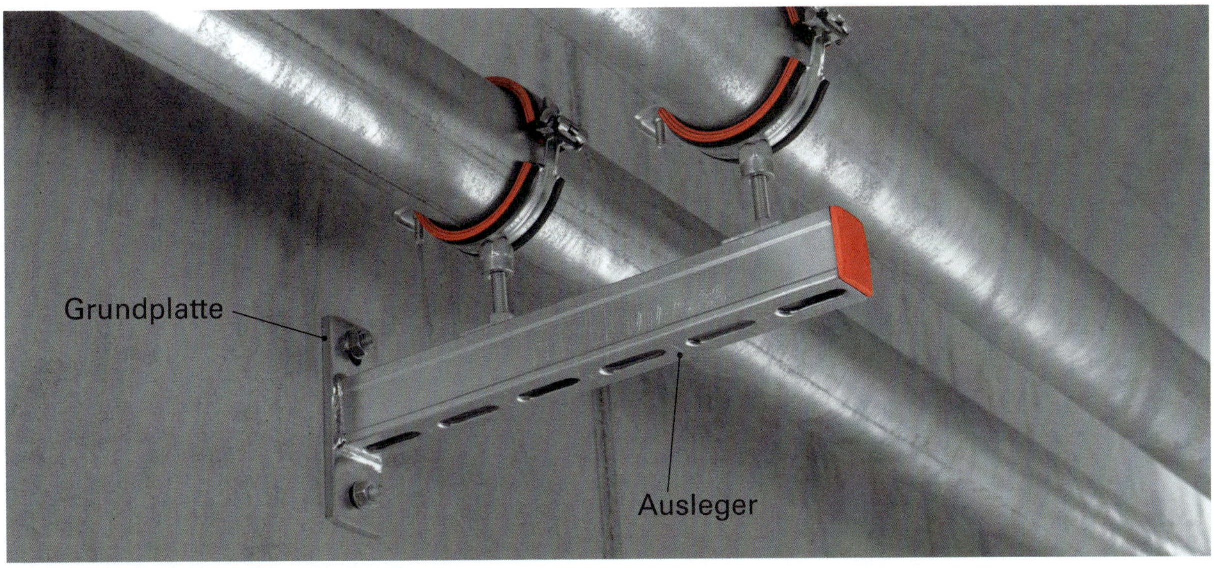

Bild 1: Rohrkonsole

In der Regel würden Sie die Rohrkonsole bei einem Großhändler im fertigen Zustand bestellen. Da dies ein Notfall ist und die Geschäfte nicht geöffnet haben, ruft Sie ihr Meister an und fragt Sie, ob Sie ausnahmsweise aushelfen und mit Ihrem Gesellen einige der Rohrkonsolen herstellen können. Sie willigen ein und begeben sich in die Werkstatt.

Bis Ihr Geselle eintrifft, sendet Ihr Meister Ihnen eine Nachricht auf Ihr Smartphone mit allen wichtigen Werten und einem Bild für die Anfertigung der Konsolen.

// Hier sind die notwendigen Informationen als Auftragsliste:

Tab-Buch

- Zwei Rohrleitungen: **Mittelschweres Gewinderohr, verzinkt DN 50.** Die Abmessungen dafür finden Sie im Tabellenbuch.
- Die Rohre werden nicht isoliert.
- Die gerade Leitungslänge, für den Bereich der Konsolen, beträgt **ca. 12 m.**
- Ihnen steht **L-Stahl** zur Verfügung, im Lager sind verschiedene Größen vorrätig.
- Als **Grundplatte,** an die der Ausleger geschweißt wird, sind schon fertige Platten vorhanden: **112 mm x 40 mm, 6 mm stark.**
- Der Abstand Mitte Rohr bzw. Mitte Schelle zu Oberkante Ausleger soll 80 mm betragen.
- Die Rohrschelle DN 40 wird mit einer M8 Gewindestange befestigt.
- Zur Befestigung stehen Ihnen M8 Muttern und Unterlegscheiben für M8-Gewinde zur Verfügung.
- In der Werkstatt ist alles an Maschinen und Werkzeugen zur Metallbearbeitung vorhanden.

// Hier sind die Arbeitsaufträge für den gesamten Auftrag:

1. Erstellen Sie eine schöne Handskizze der Rohrkonsole

2. Zeichnen Sie die Rohrkonsole als Normalprojektion

3. Fertigung der Rohrkonsole
   - Arbeitsplan für die Montage entwickeln
   - Stückliste anfertigen
   - Montagezeichnung anfertigen
   - Montageplan schreiben

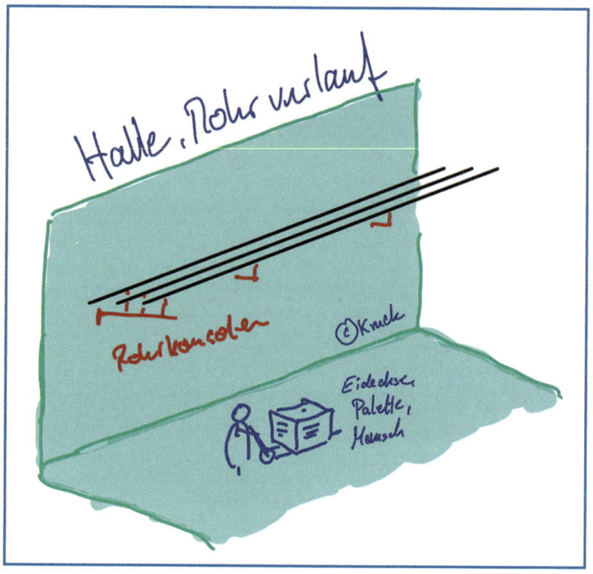

Bild 1: Rohrverlauf

Auf der nächsten Seite finden Sie einen Plan, wie der Arbeitsauftrag organisiert ist. Sie können sich an dieser Struktur orientieren, wann welcher Arbeitsschritt bis zur Fertigstellung der Konsole ausgeführt wird. Der Plan soll Sie bei der Orientierung unterstützen.

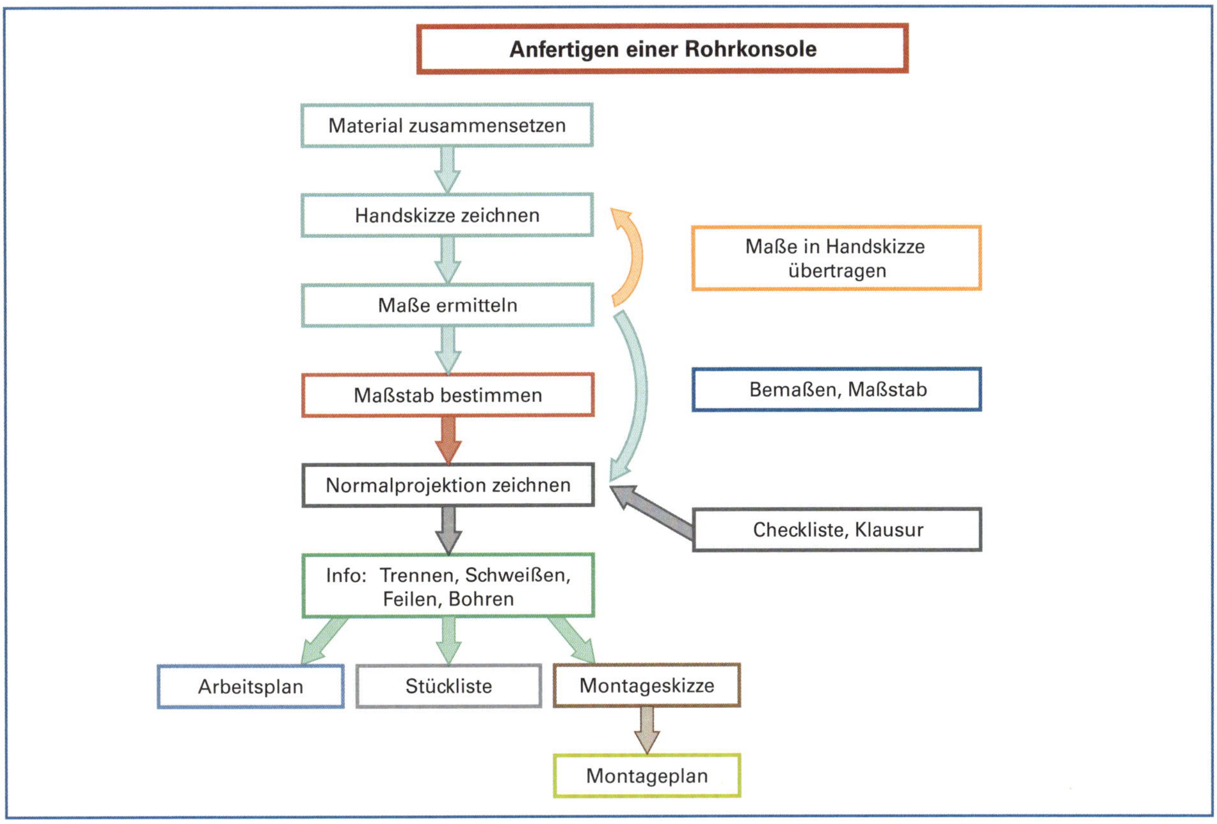

Bild 1: Anleitung Anfertigung Rohrkonsole

1. Erstellen Sie eine schöne Handskizze der Rohrkonsole

Sie beginnen Ihre Planung mit der Erstellung einer Zeichnung. In allen technischen Berufen sind technische Zeichnungen die Grundlage jeder Planung. Sie vermitteln den Fachkräften alle Informationen über die Produktion oder Herstellung eines Werkstückes.

In unserem Beruf kommen zu den technischen Zeichnungen aus der Metalltechnik noch die Bauzeichnungen hinzu. Dies ist etwas Besonderes, da Sie sich mit beiden Kommunikationsmitteln auskennen müssen. Der gesamte Bereich rund um Zeichnungen wird „Technische Kommunikation" genannt, da z. B. der Planer über die Zeichnung mit den Menschen in der Produktion, auf der Baustelle oder in der Werkstatt kommuniziert. Die Zeichnung sagt z. B. aus: Bohre dort ein Loch mit dem Durchmesser von 5 mm, säge hier nach 20 cm ab.

In der Werkstatt kann das vielleicht noch der Meister übernehmen, der mit dem Stift erst anzeichnet und der Mitarbeiter dann die Arbeit vollendet. Ein guter Facharbeiter braucht aber nur eine technische Zeichnung und kann damit jede Baustelle und jedes Werkstück selbstständig ohne Fehler fertigstellen. Deshalb erstellen Sie hier eine technische Zeichnung, um ihr Projekt fehlerfrei anfertigen zu können.

1.1 Auswahl des benötigten Materials

Bevor Sie mit der Handskizze beginnen, müssen Sie das Material auswählen. Die Konsole wird aus einer Grundplatte und einem L-Stahl gefertigt.

- Die Grundplatte hat die Abmaße 112 x 40 x 6. Das bedeutet: 112 mm hoch, 40 mm breit mit einer Materialstärke von 6 mm.
- Der L-Stahl hat die Abmaße 40 x 35 x 4. Das bedeutet: Eine Seite 40 mm lang, die zweite Seite 35 mm mit einer Materialstärke von 4 mm.
- Das L-Profil wird mit dem Stumpf auf die Grundplatte geschweißt.

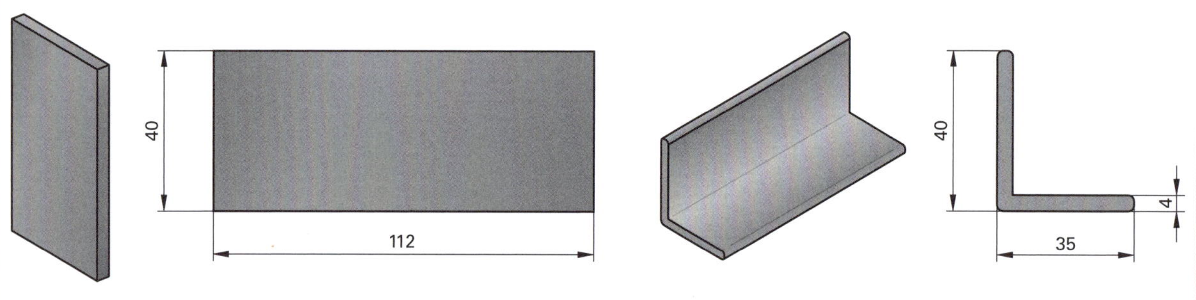

Bild 1: Grundplatte und L-Profil

1.2 Erstellung der Handskizze

Um sich mit der Aufgabe vertraut zu machen, fertigen Sie eine Handskizze an. Hier muss noch nicht alles richtig sein! Überlegen Sie, wie Sie die Konsole bauen wollen. Zeichnen Sie ruhig mehrere Varianten zur Ideenfindung.

Die finale Handskizze muss allerdings so sauber und ordentlich sein, dass sie gut lesbar ist und alle Teile der Konsole gut zu erkennen sind.

Auf der folgenden Seite finden Sie die Zeichnungsgrundlage für Ihre finale Skizze. Nutzen Sie diese am besten im Querformat.

// Anforderungen an Ihre Handskizze:

- Zeichnen Sie, wie Sie die Grundplatte mit dem L-Profil verbinden wollen.
- Eine Handskizze muss kein Kunstwerk sein, sollte aber trotzdem sauber und ordentlich aussehen.
- Alle Elemente des Werkstücks müssen eindeutig erkennbar sein.
- Beschriften Sie alle Elemente.
- Nutzen Sie Notizen dort, wo Ihre Zeichenkünste nicht ausreichen.
- Beachten Sie, dass Sie in dem Ausleger Bohrungen platzieren müssen, um später auch Schellen montieren zu können.
- Das Gleiche gilt für die Grundplatte. Hier müssen Bohrungen geplant werden, um die Konsole an der Wand befestigen zu können.

1. Erstellen Sie eine schöne Handskizze der Rohrkonsole

1.3 Ergänzung der Skizze mit Maßen

Jetzt haben Sie eine ordentliche Skizze. Was jetzt noch fehlt, um die Konsole zu fertigen, sind die Maße.

Bestimmen Sie alle notwendigen Maße der Rohrkonsole.

Tipp: Im Tabellenbuch finden Sie alle notwendigen Abmaße der Schellen und der Rohre.

Tab-Buch

Überlegen Sie, welche Abstände Sie einrichten wollen. Gehen Sie die Punkte durch und schauen Sie auf ihrer Handskizze nach, wo diese Abstände sind. Bestimmen Sie selbstständig den Abstand in mm:

Abstand Mitte erstes Rohr zur Grundplatte: ____________

Abstand zwischen den Rohrleitungen selbst, also Schellenabstand: ____________

Gesamtlänge des Auslegers: ____________

Abstand zweites Rohraußen von der Mitte bis zum Ende des Auslegers: ____________

Übertragen Sie diese Maße in Ihre Handskizze.

Sie haben jetzt eine vollständige Skizze mit allen Maßen und Materialangaben für die Herstellung der Rohrkonsole.

Im nächsten Schritt erstellen Sie aus Ihrer Handskizze Ihrer Rohrkonsole eine Normalprojektion. Das ist eine technische Zeichnung, die ein Werkstück von drei Seiten darstellt. Diese Art von Darstellung ist eine bewährte Methode in der Technik. Bevor Sie sich näher mit der Normalprojektion befassen, müssen Sie mehr über den Maßstab einer Zeichnung erfahren.

1.4 Maßstab bestimmen

Sie haben Ihre Skizze jetzt bemaßt. Bei Zeichnungen müssen die Maße aber zu der Zeichnung passen. Die Zeichnung muss „maßstabsgetreu“ sein.

Das bedeutet, dass jede Linie Ihrer Zeichnungen multipliziert mit dem Maßstab, den Wert am fertigen Bauteil ergibt. Das klingt kompliziert, ist es aber nicht. Ein kleiner Exkurs erklärt Ihnen die Thematik.

Exkurs: Maßstab

Der Maßstab gibt an, wie sehr das Werkstück verkleinert oder vergrößert gezeichnet werden muss, um es gut lesbar auf einem Zeichenblatt darstellen zu können.

Der Bauplan eines Hauses ist z. B. als Maßstab 1:**100** gezeichnet. Das bedeutet, das reale Haus ist **100-mal** größer als das gezeichnete Haus.

Besonders kleine Bauteile können auch vergrößert gezeichnet werden. Der Ventilstift eines Heizungsventils ist zu klein, um ihn in den originalen Maßen zu zeichnen. Wenn Sie ihn **5-mal** größer als seine Realgröße abbilden wollen, zeichnen Sie im Maßstab **5**:1.

1:100 – Ein Zentimeter auf dem Papier sind 100 cm in der Wirklichkeit: Verkleinerung, die Realität wird geschrumpft.

5:1 – 5 cm auf dem Papier sind 1cm in der Wirklichkeit: Vergrößerung, wie mit einer Lupe.

Das gilt dann für alle Maßeinheiten.

1:25 1 mm/1 cm/1 m sind 25 mm/25 cm/25 m in der Realität

2:1 2 mm/2 cm/2 m sind 1 mm/1 cm/1 m in der Realität

In Ihrem Tabellenbuch finden Sie weitere Unterstützung.

Übungen zum Maßstab:

1	Die Länge einer Rohrstrecke wird in der Zeichnung mit dem Lineal gemessen, L = 10mm. Der Maßstab beträgt 1:50. Wie lang ist die Schraube in der Realität?	
2	In einem Bauplan, 1:200, ist eine Wand mit 4 m eingezeichnet, wie lange ist die Linie auf dem Bauplan?	
3	In einem Badplan ist eine Badwanne eingezeichnet. Sie messen mit dem Zollstock aus dem Plan eine Länge von 90 mm. Die Badewanne ist real 2,25 m lang. Welcher Maßstab wurde verwendet?	

Schauen Sie sich Ihre Skizze an und überlegen Sie, welcher Maßstab geeignet ist.

Wählen Sie ausfolgenden Faktoren: **1, 5, 10, 25, 50, 100, 200, 500**

„Krumme" Maßstäbe, wie z. B. 1:32, sind nicht erlaubt. Sie müssen einen gängigen Maßstab wählen.

Tipp: Wählen Sie das größte Bauteil der Konsole aus und überlegen sie, um wie viel es kleiner sein muss, damit es auf das Blatt Papier passt. Wählen Sie den Maßstab so, dass das Bauteil nicht zu klein ist, damit es gut lesbar bleibt.

Wenn Sie jetzt beginnen die Normalprojektion zu zeichnen, müssen Sie jedes Maß aus Ihrer Skizze durch den Faktor des Maßstabes teilen. Ist ein Teil Ihres Werkstückes bspw. 25 cm lang und Sie haben einen Maßstab von 1:10 gewählt, zeichnen Sie dieses Teil 2,5 cm lang (25 geteilt durch 10 = 2,5 cm) und bemaßen es mit 25 cm.

- Wählen Sie einen Maßstab aus und notieren Sie ihn hier und auf Ihrem Zeichenblatt:

  ____

- Teilen Sie jedes Maß auf Ihrer Skizze durch den Maßstab und notieren Sie den Wert mit einer anderen Farbe unter oder neben Ihren realen Maße.
- Sie haben dann die realen Maße und die Maße, die Sie für die Zeichnung benötigen.

2. Zeichnen Sie die Rohrkonsole als Normalprojektion

2.1 Anfertigen der Normalprojektion

Fachbuch

Die Methode „Normalprojektion" ist ein genormtes Verfahren. Das bedeutet, dass nach ganz bestimmten Regeln gezeichnet werden muss. Besonders wichtig ist es also, diese einzuhalten. Wenn Zeichnungen falsch oder verwirrend sind, können Werkstücke in der Produktion falsch angefertigt werden, die dann als Ausschuss weggeworfen werden müssen.

Exkurs: Normalprojektion

Aller Anfang ist schwer, deshalb hier Erklärungen zu den einzelnen Punkten der Normalprojektion.

Unter einer Normalprojektion wird eine Ansicht verstanden, die ein Bauteil oder eine Konstruktion von drei Seiten darstellt. Dabei wird nur von vorne auf die einzelnen Seiten geschaut, ohne das Bauteil schräg aus einem Winkel zu betrachten.

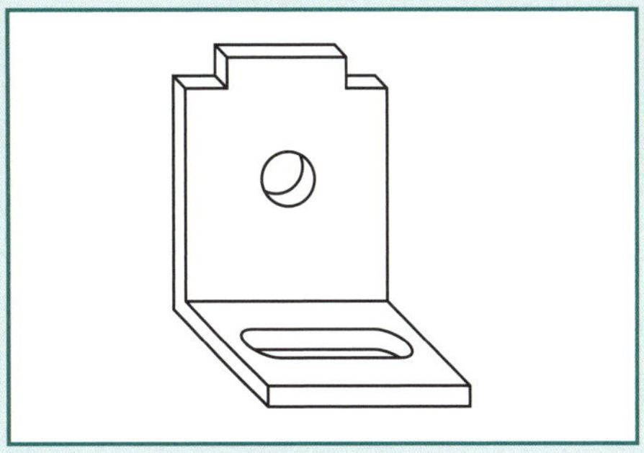

Bild 1: Blechwinkel

Stellen Sie sich vor, Sie spielen mit dem Schatten des Bauteiles. Eine Lampe leuchtet auf eine weiße Wand und Sie halten das Bauteil in das Licht. Der Schatten stellt dann die Umrisse der entsprechenden Ansicht dar.

Rechts sehen Sie eine Normalprojektion eines Blechwinkels mit einer Bohrung und einem Langloch. Der Winkel wird von vorne (1), von der Seite (2) und von oben (3) dargestellt.

Die orangen Linien zeigen die Kanten der Ansicht in einer anderen Ansicht. Die Bohrung, die von vorne sichtbar ist (links oben) ist in der Seitenansicht (rechts oben) von der Seite wieder sichtbar. Die Übertragungslinien verhindern Fehler: Wenn eine Übertragungslinie bei einer anderen Ansicht nicht korrekt „ankommt", hat sich ein Fehler eingeschlichen. So können Sie es frühzeitig ändern.

Der Aufbau einer Normalprojektion ist einfach, es braucht aber Kenntnisse über die Regeln. Anhand des Blechwinkels spielen wir eine Normalprojektion beispielhaft durch.

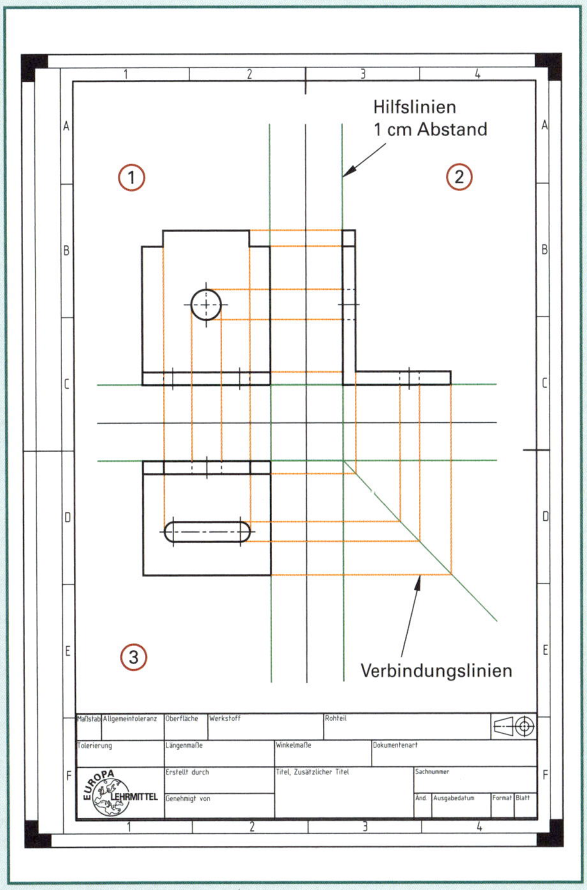

Bild 2: Normalprojektion

Winkel in räumlicher Darstellung

Sie sehen nicht nur die Flächen des **Flügels** (blau) und des **Fußes** (rot), sondern durch die leicht schräge Position auch die Materialstärke und die Bohrungen. Für die Vorstellung ist das vielleicht okay, allerdings ist diese Zeichnung verzerrt. Die Linien, die nach hinten verlaufen, müssen verkürzt dargestellt werden, sonst passen die Proportionen nicht. Diese Darstellung kommt im Kunstbereich oder bei Architekten vor, in der Technik ist diese Zeichnung nicht brauchbar, da falsche Maße vermittelt werden.

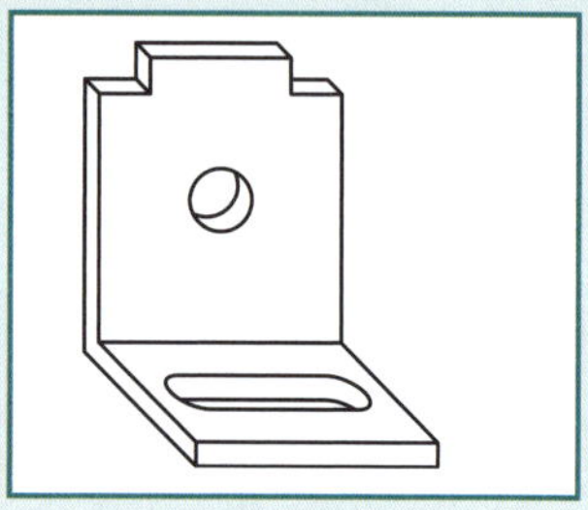

Bild 1: Blechwinkel

Wir teilen die Darstellung in drei Seiten auf:

- Vorderansicht, gerade auf die **blaue Seite** geschaut.
- Seitenansicht, von links auf die **gelbe Seite** geschaut
- Draufsicht, von oben auf die **rote Seite** geschaut.

Vorderansicht

Wir schauen den Winkel, ohne diesen zu neigen oder zu drehen, von vorne an.

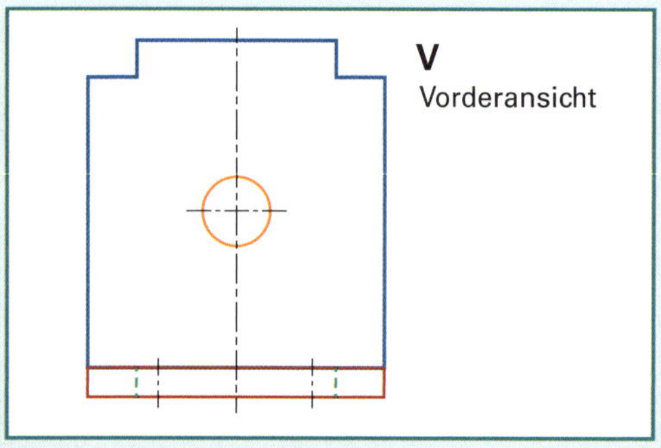

Bild 2: Vorderansicht Winkel

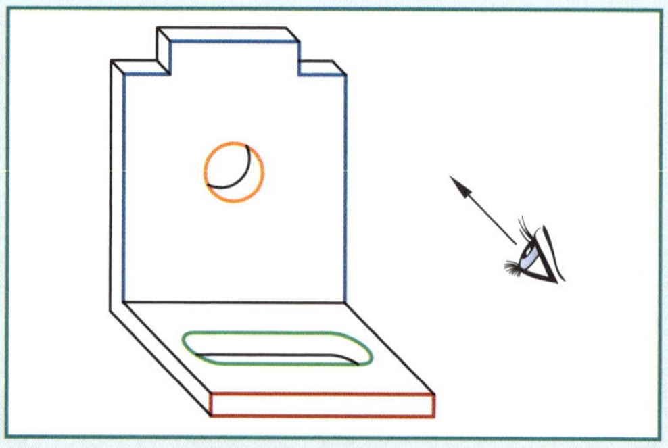

Bild 3: Blechwinkel

Dabei ist der **Fuß** des Winkels (rot) von vorne als schmales Rechteck zu sehen.

Das **Langloch** (grün) wird mit gestrichelten Linien dargestellt. Das heißt, dass Langloch ist selbst nicht zu erkennen, weil es „versteckt" ist. Aber durch die Strichlinie wird gezeigt, dass hinter der roten Fläche ein Langloch existiert.

Der **Flügel** des Winkels (blau) wird nur als Außenkante gezeichnet. Während man bei der räumlichen Darstellung noch die Innenseite der Bohrung sieht oder die Materialstärke des Blechs, sieht man in der Vorderansicht nur die Außenkanten.

Die Strichpunktlinie, die als Kreuz durch die Bohrung gezeichnet wird, ist eine Symmetrielinie. Diese zeigt an, dass das Bauteil links und rechts von der Symmetrielinie gleich ist.

Seitenansicht von Links

Wieder werden die **Bohrung** (orange) und das **Langloch** (grün) mit Strichlinien gekennzeichnet, da diese Linien von dieser Seite nicht sichtbar sind.

Sichtbar ist allerdings die **Ausbuchtung** (lila). Sowohl die Kante als auch die Fläche ist von der linken Seite zu sehen.

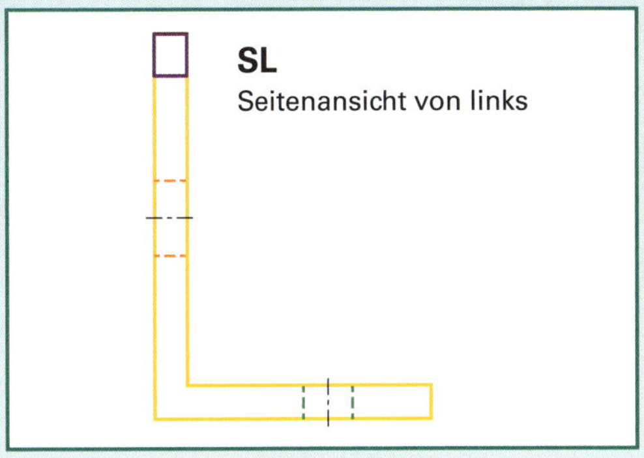

Bild 1: Seitenansicht Winkel

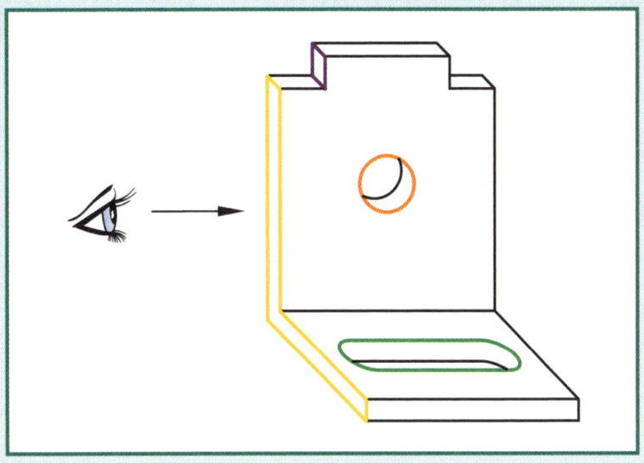

Bild 2: Schrägansicht Winkel

Draufsicht

Von der Draufsicht können Sie jetzt das **Langloch** (grün) „nicht verdeckt" sehen, sowie den **Fuß** (rot) von oben als Rechteck und die Deckfäche des Winkels. Zu sehen ist auch die **Ausbuchtung** oben am Flügel von oben (lila) in der Materialstärke sowie den **Flügel** (blau) in der Materialstärke.

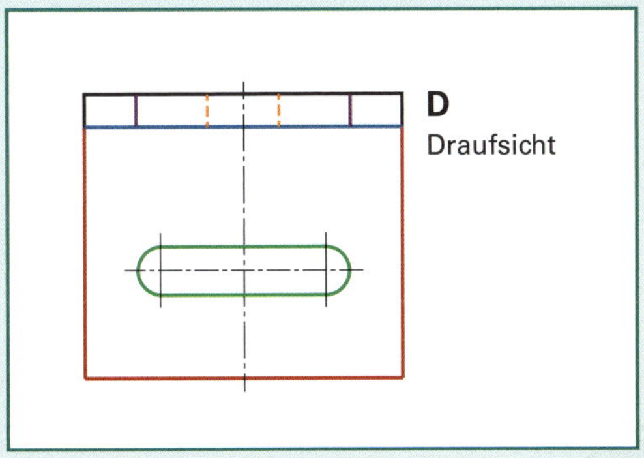

Bild 3: Draufsicht Winkel

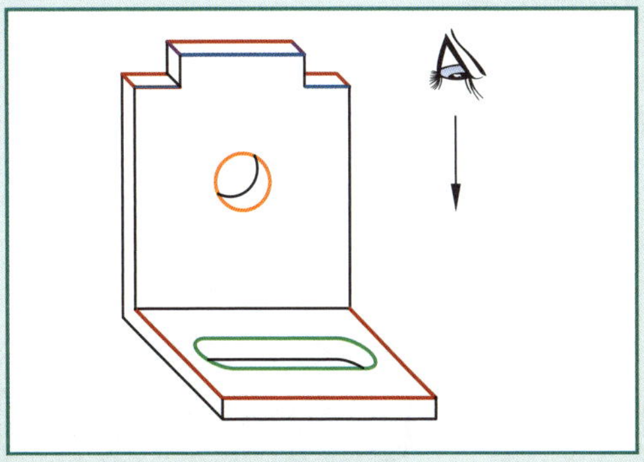

Bild 4: Schrägansicht Winkel

Die Vorteile der Normalprojektion als Darstellung zusammengefasst:

- Alle Seiten des Bauteils können unverzerrt dargestellt werden.
- Materialstärken können sichtbar gemacht werden.
- Verdeckte Bauteile, Formen, Bohrungen etc. können bequem dargestellt und gelesen werden.
- Eine gute Übersicht verhindert Fehler.

Fertigen Sie jetzt die Zeichnung der Rohrkonsole als Normalprojektion an. Dazu folgende einfache Regeln:

- Zeichnen Sie ein Kreuz mittig auf das Zeichenblatt, siehe Bild XX.
- Die Außenkanten des Objektes haben einen Abstand 1 cm von den Linien des Kreuzes. Verwenden Sie Hilfslinien.
- Zeichnen Sie alle Übertragungslinien ein, um sicherzugehen, dass Sie in den Darstellungen alle Elemente richtig gezeichnet haben (Bild XX).
- Die Außenkanten der Ansichten werden mit 0,7 mm gezeichnet.
- Zeichnen Sie die inneren Kanten mit 0,5 mm.
- Versteckte Kanten zeichnen Sie mit 0,35 mm oder auch mit 0,5 mm, dann aber sehr leicht aufdrücken. Unterschiedliche Linienstärken machen die Zeichnung übersichtlicher.
- Der gewählte Maßstab muss angewendet und notiert werden.

// Zusätzlich zu beachten:

- Die Rohrschellen werden mit Gewindestangen und Muttern später an der Konsole befestigt. Dazu müssen **Bohrungen** geplant und eingezeichnet werden.
- Die Grundplatte muss ebenfalls an der Wand befestigt werden. Auch hierzu müssen Sie **Bohrungen** planen und einzeichnen.

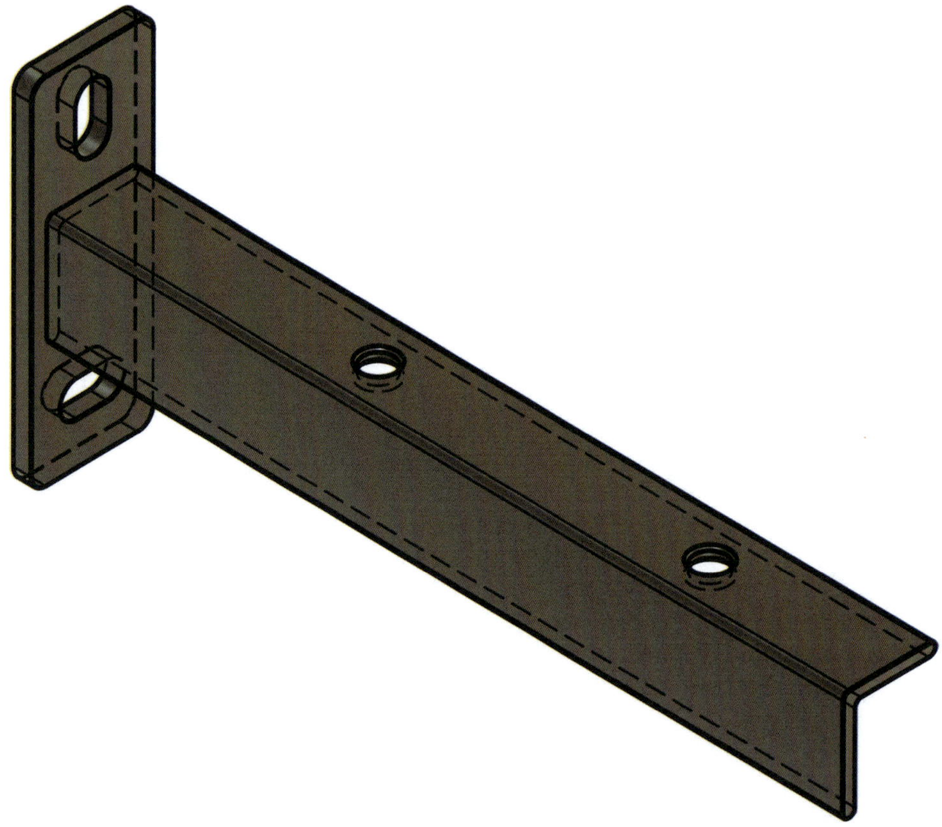

Bild 1: Rohrkonsole

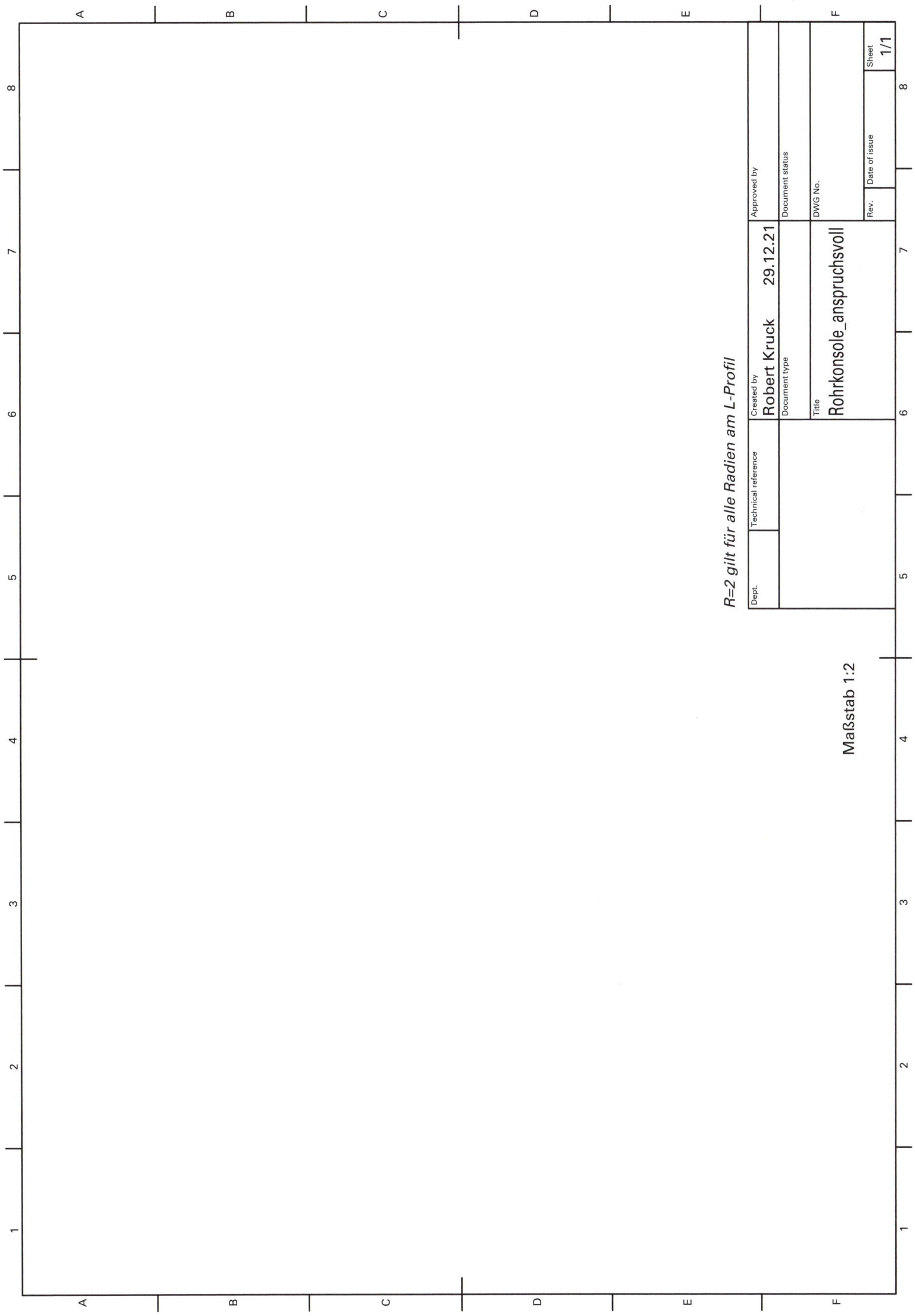
R=2 gilt für alle Radien am L-Profil
Dept.
Technical reference
Created by
Robert Kruck
Approved by
29.12.21
Document type
Document status
Title
Rohrkonsole_anspruchsvoll
DWG No.
Rev.
Date of issue
Sheet
1/1
Maßstab 1:2

2.2 Bemaßung der Rohrkonsole

Eine technische Zeichnung ohne Maße und ohne Maßstab ist nicht brauchbar. Nur mit Maßen und Maßstab können wir als Facharbeiter verstehen, wie das Bauteil aussehen soll. Ein Bauplan für ein Haus kann im Maßstab 1:500 eine große Villa oder im Maßstab 1:1 ein Puppenhaus ergeben. Aus diesem Grund zeigen die Maße und der Maßstab an, wie das Haus schlussendlich aussehen soll, Puppenhaus oder Villa.

// Da dies so wichtig ist, führen Sie zunächst einen Check-Up durch:

- Messen Sie eine beliebige Linie aus Ihrer Zeichnung aus: Bsp. 12 cm.
- Multiplizieren Sie den Wert mit dem Maßstab, den Sie gewählt haben.
- Bei einem Maßstab 1:50 wären das: 12 cm · 50 = 600 cm
- Der errechnete Wert ist der reale Wert. Demnach also die reale Länge am später fertigen Bauteil.
- Sie haben im Arbeitsauftrag „Maßstab" bereits alle Maße umgerechnet und farbig zu den realen Maßen geschrieben. Ein Maß, um die Linien zu zeichnen und ein Maß, um die Linien später zu bemaßen. Diese Werte müssen mit den Werten in der Tabelle übereinstimmen. Wenn ja, können Sie in der Spalte „Korrekt?" ein „Ja" eintragen.

Führen Sie den Check-Up für mindestens fünf Linien durch:

	gemessen [mm]	Maßstab	reales Maß [mm]	Korrekt? [ja/nein]
0	120 mm …	1:50 …	600 cm …	ja nein
1				
2				
3				
4				
5				

Fachbuch

Exkurs: Bemaßung

Um Werkstücke oder Bauteile eindeutig darstellen zu können, muss eine Zeichnung vollständig bemaßt sein. Dies bedeutet, dass für alle Teile, Linien, Bohrungen, Rundungen usw., Maße vorhanden sein müssen. Bei diesen Zeichnungen darf nicht geraten oder improvisiert werden. Fehlt ein Maß, ist die Zeichnung nicht brauchbar und muss überarbeitet werden.

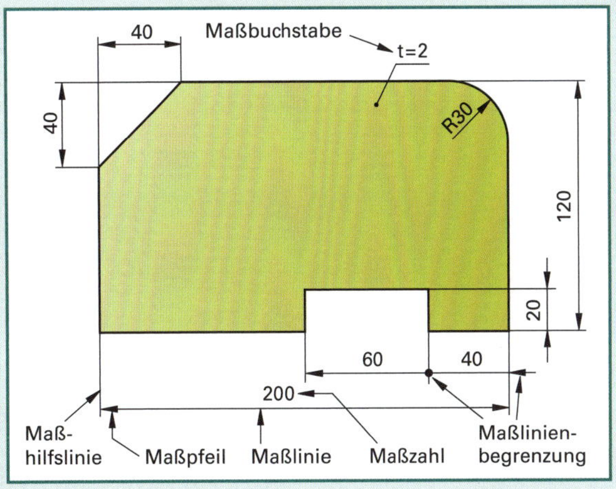

Bild 1: Bemaßungen

Es darf aber auch nicht doppelt bemaßt werden: Wenn ein Teil der Zeichnung bemaßt ist, darf sie an anderer Stelle nicht noch mal bemaßt werden. Zu viele Maße machen die Zeichnung unübersichtlich. Es können sich Fehler einschleichen.

Im Bild unten sehen Sie ein Beispiel für Bemaßungen an einem Werkstück. Lesen Sie hierzu im Fachbuch „Kapitel Arbeitsplanung" über Bemaßungen nach.

Beantworten Sie dazu folgende Fragen:

- Nennen Sie den Abstand bei Maßlinien zur Körperkante: __________
- Nennen Sie den Abstand zwischen zwei Maßlinien: __________
- Erläutern Sie, wozu Maßlinienbegrenzungen eingesetzt werden:

____

____

- Beschreiben Sie, wie Maßhilfslinien gezeichnet werden:

____

____

____

____

____

____

____

____

____

Auftrag: Bemaßen Sie Ihre Normalprojektion der Rohrkonsole

- Stellen Sie sicher, dass alle Teile Ihrer Zeichnung bemaßt sind.
- Halten Sie alle Bemaßungsregeln ein.
- Tragen Sie als Maßzahl das reale Maß ein. Bsp.: Eine Linie, die 10 cm lang gezeichnet wurde, wird mit 100 cm bemaßt (1:10).
- Nutzen Sie das Tabellenbuch! Dort finden Sie viele Beispiele, wie verschiedene Teile einer Zeichnung bemaßt werden können.
- Improvisieren Sie nie. Technische Zeichnungen sind kein freies Malen. Sie verwenden nur Bemaßungen, die Sie auch im Tabellenbuch finden.

2.3 Bewerten und Kontrollieren Sie Ihre Ergebnisse

Gratulation zur ersten vollständigen technischen Zeichnung!

Um sicher zu sein, dass alles korrekt ist, müssen Sie Ihre Arbeit kontrollieren. Auf der Arbeit würden Sie sicher Ihren Gesellen bitte, sich Ihre Arbeit einmal anzuschauen, bevor Sie mit den nächsten Arbeitsschritten fortfahren.

Mit folgender Tabelle haben Sie eine Checkliste, mit der Sie selbst Ihre Arbeit überprüfen können. Arbeiten Sie gewissenhaft die Punkte ab und notieren Sie Ihre Ergebnisse. Unter Umständen müssen Sie den ein oder anderen Punkt nacharbeiten, denn nur aus Fehlern wird gelernt. Ziel ist eine fehlerfreie Zeichnung und das geht nie ohne nachträgliche Korrekturen.

Sie können auch mit jemandem aus Ihrer Klasse oder der Lehrkraft Ihre Zeichnung tauschen, um so gegenseitig Ihre Arbeit zu überprüfen. Hierfür ist die Spalte „Fremd-Check“ gedacht.

Überprüfungsteil	**Kriterien**	**Selbst-Check [✓/✗]**	**Fremd-Check [✓/✗]**
Maßstab	Überprüfung der Längen der Linien mittels Maßstab.		
	Messen Sie eine Linie und multiplizieren Sie diese mit Ihrem Maßstab. Der errechnete Wert muss gleich der Bemaßung sein.		
	Überprüfen Sie mehrere oder alle Linien mit dieser Methode.		
Normalprojektion	Ansichten richtig dargestellt?		
	Alle Körperkanten über die Ansichten mit Übertragungs-linien geprüft?		
	Zeichnung sauber?		
	Linienstärken richtig eingesetzt?		
Bemaßung	Alles Maße enthalten?		
	Kein Maß doppelt?		
	Bemaßungen richtig eingezeichnet?		
	Phasen, Rundungen und Radien bemaßt?		
Schriftfeld	Schriftfeld korrekt ausgefüllt?		

3. Fertigung der Rohrkonsole

Sie haben den Großteil der Planung bereits abgeschlossen. Ihre Rohrkonsole ist ...

- konstruiert, die Form ist bestimmt. Sie wissen, wie die Konsole gebaut werden muss.
- gezeichnet, Ihre Konstruktion ist von allen Seiten dargestellt.
- bemaßt, Sie wissen die Länge des Auslegers und kennen die Platzierungen der Bohrungen.

Der nächste Schritt ist die Fertigung der Rohrkonsole und die Montage der Rohrschellen mittels Gewindestäben und Kontermuttern.

Für diesen Schritt erhalten Sie wieder notwendige Daten in Form einer Auftragsliste:

- Den Schellenabstand haben Sie bereits bestimmt und durch die eingezeichneten Bohrungen dargestellt (Mitte-Mitte).
- Der Abstand Mitte-Rohr bzw. Mitte-Schelle zu Oberkante Ausleger soll 80 mm betragen.
- Die Rohrschelle DN 40 wird mit einer M8 Gewindestange befestigt.
- Zur Befestigung stehen Ihnen M8 Muttern und Unterlegscheiben zur Verfügung.

3.1 Entwickeln Sie einen Arbeitsplan für die Montage der Rohrkonsole

Für die Montage müssen Sie einige Schritte vornehmen, bevor alle Einzelteile miteinander verbunden werden können.

- Einige Teile müssen zugesägt werden.
- Einige Bohrungen müssen erstellt werden.
- Gesägte Teile und Bohrungen müssen entgratet werden.
- Zur Verbindung und Montage aller Teile muss geschweißt und geschraubt werden.

Fachbuch

Informieren Sie sich dazu im Fachbuch im Kapitel „Trennen“, mit welchen Werkzeugen getrennt werden kann und welches Schweißverfahren Sie einsetzen wollen.

Tab-Buch

Informieren Sie sich im Tabellenbuch, wie Schrauben- und Schweißverbindungen hergestellt werden.

Nachdem Sie sich informiert haben, beantworten Sie folgende Fragen:

a) Erläutern Sie das Trennverfahren „Sägen".

b) Nennen Sie Arten von Sägen, die in unserem Handwerk verwendet werden.

c) Nennen Sie, welche Säge für welche Arbeiten verwendet werden.

d) Nennen Sie die wichtigsten Sicherheitsvorkehrungen beim Sägen.

e) Erläutern Sie den Vorgang des Bohrens von Metall. Welche Bewegungen und Kräfte sorgen für den Spanabtrag?

f) Beschreiben Sie den Einfluss des Keilwinkels des Bohrers auf das Material.

g) Nennen Sie Arten von Bohrern, die in unserem Beruf verwendet werden?

h) Beschreiben Sie den Vorgang des Feilens.

i) Nennen Sie die Hiebart der Feile, die wir für die Anfertigung der Rohrkonsole benötigen.

j) Erläutern Sie, wie eine Schraubenverbindung hergestellt wird.

k) Zeigen Sie mindestens zwei Schweißverfahren, mit denen der Baustahl für unsere Rohrkonsole geschweißt werden kann. Nennen Sie Vor -und Nachteile.

Jetzt sind Sie gut informiert und können beginnen, Ihre Arbeitsschritte zu planen.

Tipp 1: Wenn Sie Gewindestangen zusägen, bildet sich meistens ein Grat. Damit ist gemeint, dass sich eine kleine, scharfe Ecke zum Ende des Sägevorgangs bildet. In den meisten Fällen lässt sich die Mutter trotzdem aufschrauben. Manchmal auch nicht oder es dauert länger, bis das Gewinde greift. Auch ist die Verletzungsgefahr gegeben, da ein Grad rasiermesserscharf sein kann.

Tipp 2: Nutzen Sie eine Feile, um rund um den Gewindestab eine Fase anzufeilen.

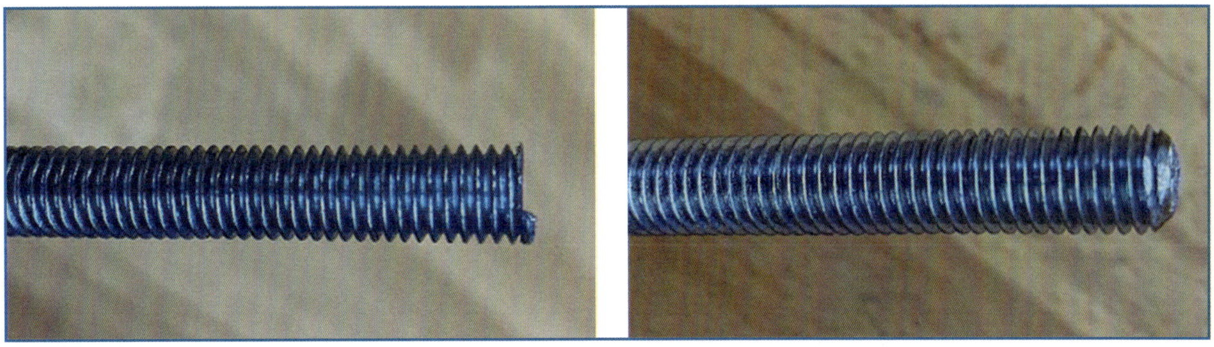

Für Ihre Arbeitsplanung nutzen Sie folgende Tabelle (siehe unten). Sie notieren jeden Arbeitsschritt zur Herstellung der Konsole:

- Überlegen Sie, welche Arbeitsschritte aufeinanderfolgen müssen.
- Zeigen Sie, an welchen Stellen spangebende Verfahren angewendet werden.
- Zeigen Sie, wann gebohrt werden muss.
- An welchen Stellen muss entgratet oder angefast werden?
- Durchdenken Sie Ihre Arbeit möglichst detailliert. Manchmal ist es geschickter, einen Arbeitsschritt vorher oder nachher durchzuführen.
- Schellen und deren Montage planen Sie später.
- Nummerierung der Arbeitsschritte und Trennlinien erstellen Sie selbst.

Herstellung der Rohrkonsole Planung der Arbeitsschritte

Nr.	Arbeitsschritt: Was wird gemacht?	Welches Werkzeug wird benutzt?	Was ist wichtig, warum ist dieser Schritt notwendig?

3.2 Stückliste anfertigen

Im gleichen Prinzip des Arbeitsplans, erstellen Sie jetzt eine Stückliste.

Stücklisten werden an vielen Stellen benötigt. Zuallererst um ohne etwas zu vergessen, Teile zu kaufen, zu bestellen oder sie aus dem Lager zu holen. Aber auch für die spätere Rechnungserstellung ist eine Stückliste notwendig.

Notieren Sie, was Sie an Material aus dem Lager benötigen und wie viel Sie davon benötigen:

- Pos.: Die Posten werden durchnummeriert.
- Menge: Wie viel Teile brauchen Sie?
- Bezeichnung: Wie heißt das Teil?
- Bemerkung: Alles was Ihnen noch einfällt.

Pos.	Menge	Bezeichnung	Bemerkung

3.3 Montagezeichnung anfertigen

Zeichnen Sie zur Montage die Rohrkonsole in der Seitenansicht, also in der Länge, um die Abstände der Rohre und der Rohrschellen sichtbar zu machen.

Bemaßen müssen Sie nicht. Die Konsole muss mit montierten Schellen dargestellt werden. Eine Handskizze genügt!

3.4 Montageplan schreiben

Finale: Notieren Sie in detaillierten Schritten, welche Arbeiten Sie nacheinander angehen, um alle Teile, die Sie bis hier her angefertigt haben, zu montieren.

Dazu gehören jetzt auch Schellen, Gewindestangen usw.

Verwenden Sie ganze Sätze. Glieder Sie Ihre Abschnitte mit einer Nummerierung, um Ihre Schritte kenntlich zu machen.

Nr.	Montage der Rohrkonsole, Schritt für Schritt erklärt:

// Für den Fachpraxisunterricht

Im Rahmen des Werkstattunterrichts können Sie die Rohrkonsole dann auch real fertigen. Sprechen Sie mit der Lehrkraft über die Möglichkeit, die Rohrkonsole zu bauen.

- Stellen Sie Ihr Material nach Ihrer Stückliste zusammen.
- Verwenden Sie das L-Profil, wie Sie es im Arbeitsplan geplant haben und setzen Sie die Bohrungen mittels Ihrer Normalprojektion um.
- Wenn keine Möglichkeit zum Schweißen gegeben ist, kann die Konsole auch mit einem U-Profil gefertigt werden, ohne Grundplatte.
- Arbeitsschritte, wie Ankörnen oder Anfasen mit einem großen Bohrer, kann Ihnen die Lehrkraft für Fachpraxis erklären.
- Durch die Fertigung können Sie selbst erleben, wie gut Ihre Planung funktioniert. Eventuell entdecken Sie noch Optimierungsmöglichkeiten?
- Korrigieren Sie Ihre Arbeitsplanung, falls notwendig.
- Korrigieren Sie auch Ihre Stückliste und Ihren Montageplan, falls etwas nicht funktioniert hat.

Arbeitsheft SHK – Lernfeld 1, Kapitel 2

Auswahl von Werkstoffen für den Anlagenbau

Unter **Werkstoffe** versteht man Stoffe oder Materialien, die benötigt werden, um Werkstücke, Maschinen, Anlagen usw. bauen bzw. Produkte herstellen zu können. Je nachdem, wo der Werkstoff eingesetzt werden soll, suchen Techniker Werkstoffe aus, die die nötigen Eigenschaften für diese Aufgabe erfüllen. Werkstoffe spielen in allen technischen Berufen eine wichtige Rolle. Denn je nachdem was die Aufgabe des Werkstücks ist, muss ein passendes Material verwendet werden:

- Werkstoffe, die sich in Verbindung mit Wasser nicht verändern: Kunststoffe, z. B. für Rohrleitungen.
- Werkstoffe, die hohe Temperaturen aushalten können: Gusseisen, z. B. für Teile des Heizkessels.
- Werkstoffe, die günstig sind und trotzdem stabil genug: Stahl, z. B. für Stockschrauben und Rohrschellen.

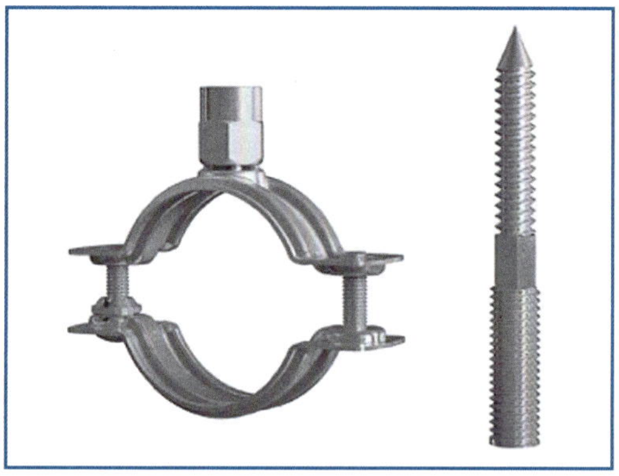

Bild 1: Stockschraube und Rohrschelle

Bei neuen, **innovativen Produkten** müssen teilweise erst neue Materialien entwickelt werden. Für moderne Rohrleitungen wurden bspw. sogenannte **„Verbundwerkstoffe"** entwickelt, damit Rohre leichter verbunden werden können und um das Gewicht und die Kosten zu reduzieren.

Während für Kunden das Optische im Vordergrund steht, sind Anlagenmechaniker/-innen auf das Technische fokussiert. Dass ein Bad gefallen soll, angenehm warm ist und die Dusche auch für ältere Person gut zugänglich ist, ist ebenfalls von entscheidender Bedeutung. Für Anlagenmechaniker/-innen ist es aber genauso bedeutsam, dass die Rohre über Jahrzehnte dicht bleiben oder das Wasser hygienisch einwandfrei gezapft werden kann. Dies muss der Kunde voraussetzen können.

Wenn die Werkstoffe für die Befestigung oder für die Rohre selbst nicht die Richtigen sind, kann es zu einem frühzeitigen Defekt der Leitungen kommen. Aber auch falsch installierte Rohrleitungen können schnell undicht werden, wenn bestimmte Regeln, Gesetze oder Normen nicht berücksichtigt wurden.

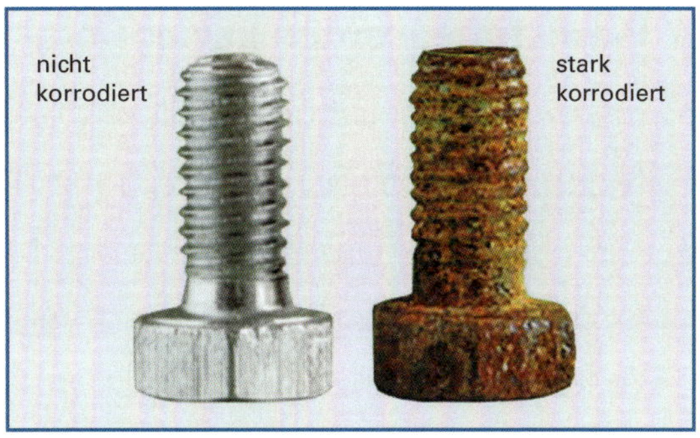

Bild 1: Korrosion

Kenntnisse über die **Werkstofftechnik** sind deshalb wichtig, da mit dem entscheidenden Wissen Fehler vermieden werden können. Im Trinkwasserbereich kommt es durch **Korrosion** immer wieder zu undichten Rohrleitungen. Trinkwasser enthält immer Sauerstoff und reagiert mit vielen Werkstoffen. Jeder kennt verrostetes Eisen oder besser gesagt, korrodierten Stahl.

Wenn metallische Werkstoffe in Kontakt mit Sauerstoff und Wasser kommen, korrodieren diese. Bei Stahl wird es „rosten" genannt, umgangssprachlich für „korrodieren". Wenn Kupfer korrodiert, wird es Patina oder Grünspan genannt.

Es gilt Korrosion im Anlagenbau unbedingt zu vermeiden, da durch Korrosion große Schäden entstehen können (z. B. ein Wasserschaden durch eine undichte Rohrleitung).

In diesem Kapitel beschäftigen wir uns mit Werkstoffen im Anlagenbau und mit der Korrosion: Welche Werkstoffe wo zum Einsatz kommen, welche Vor- und Nachteile diese haben und aus welchen Werkstoffen Rohre hergestellt werden.

// Werkstoffe für Rohrleitungen und Befestigungstechnik

Für dieses Kapitel sind folgende Lerneinheiten vorgesehen:

- Kennenlernen von verschiedenen Werkstoffen, die im Bereich Anlagenbau verwendet werden.
- Anwendung dieser Werkstoffe für Rohrarten.
- Anwendung dieser Werkstoffe für Befestigungstechnik.
- Der Einfluss von Korrosion und wie Korrosion verhindert werden kann.
- Erstellen einer Mindmap für einen Werkstoff nach bestimmten Vorgaben.

1. Werkstoffe einteilen und erkunden

// Werkstoffe werden in vier Bereiche eingeteilt:

- Eisen-Metalle: Darunter fallen Metalle mit Eisenanteil wie z. B. Stahl.
- Nichteisen-Metalle: Metalle ohne Eisenanteil wie z. B. Kupfer oder Aluminium.
- Nicht-Metalle: Das sind vor allem Naturwerkstoffe wie Holz und alle Kunststoffe.

  Verbundwerkstoffe: Das sind Werkstoffe, die aus mindestens zwei Werkstoffen zusammengesetzt sind.

1.1 Werkstoffe einteilen

Zuerst verschaffen Sie sich einen Überblick. Sie sehen hier ein Diagramm als Vorlage zur Einteilung von Werkstoffen. Schlagen Sie im Fachbuch nach, wie dieses Diagramm alle Werkstoffgruppen einteilt. Ergänzen Sie dazu die Vorlage:

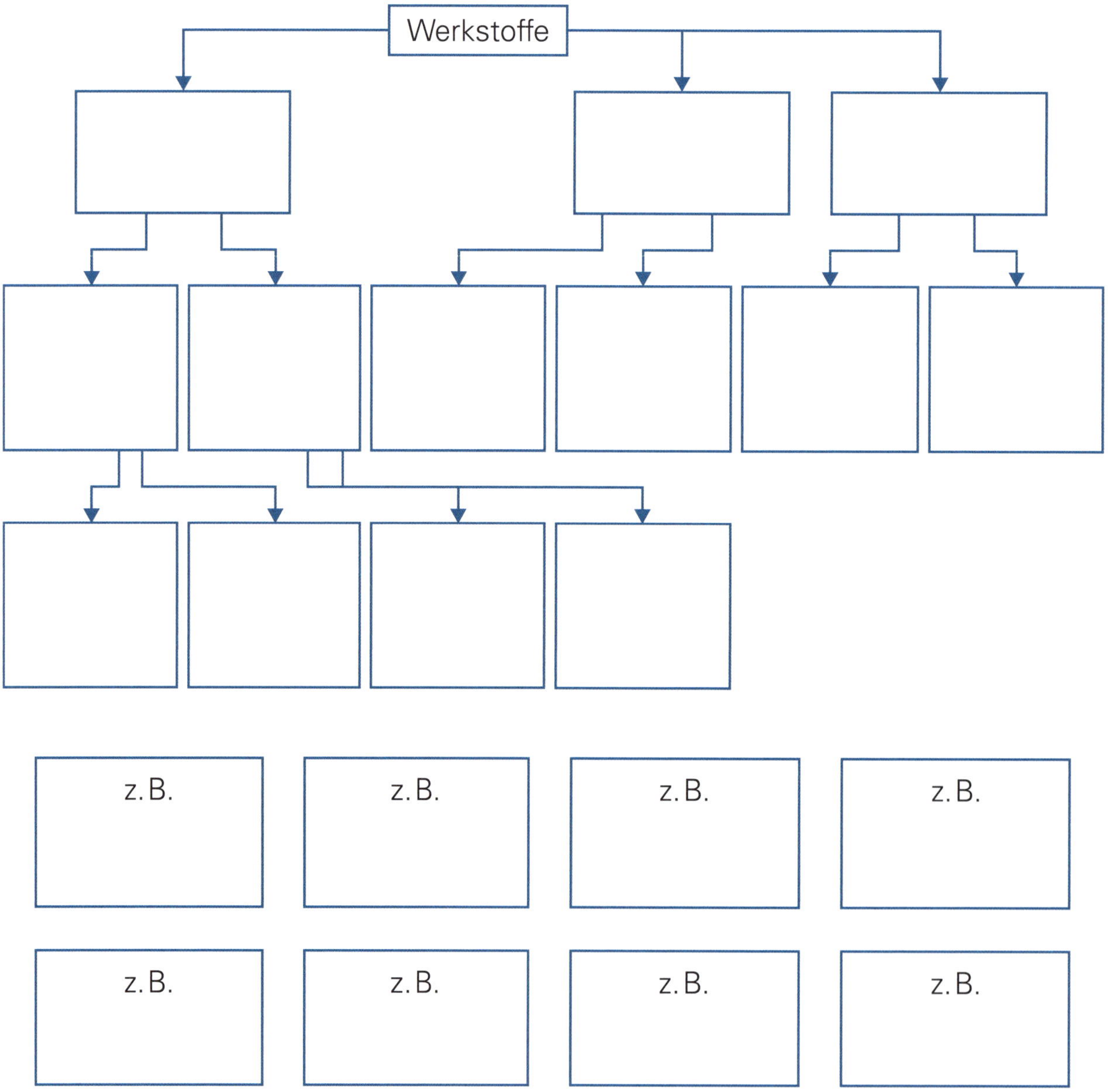

Beantworten Sie zu dieser Einteilung und den genannten Werkstoffen folgende Fragen:

a) Erläutern Sie, was die Eigenschaft „Dichte" bei Werkstoffen beschreibt. Wie lautet die Einheit der Dichte?

b) Erläutern Sie den Unterschied zwischen Stähle und Eisen-Gusswerkstoffen.

c) Sowohl Stähle als auch Eisen-Gusswerkstoffe kommen beim Rohrleitungsbau zum Einsatz. Nennen Sie Beispiele, an welchen Stellen Stahl und an welchen Stellen Eisen-Gusswerkstoff verwendet wird.

d) Kunststoffe kommen im Anlagenbau und besonders bei modernen Rohrsystemen zum Einsatz. Zeigen Sie genauer, wie Kunststoffe im Anlagenbau verwendet werden.

e) Im Anlagenbau werden auch einige Schwermetalle eingesetzt. Nennen Sie mindestens zwei Schwermetalle aus Ihrer Praxis. Wo werden diese eingesetzt?

f) Beschreiben Sie aus Ihrer Sicht, welche Vorteile Kunststoffe gegenüber Eisen- und Nichteisenwerkstoffe haben.

g) Auch Naturwerkstoffe und andere künstliche Werkstoffe (außer Kunststoffe) finden Einsatz in unserem Beruf. Nennen Sie Objekte oder Bereiche, bei denen mit Naturwerkstoffen gearbeitet wird.

h) Auch Verbundwerkstoffe werden in unserer Branche eingesetzt, z. B. Rohr-werkstoff. Sie kennen sicher einen Rohrwerkstoff, der im Verbund aus mehreren Werkstoffen hergestellt ist. Nennen Sie ein entsprechendes Rohrsystem und Erläutern Sie den Aufbau.

i) Nennen Sie weitere Einsatzbereiche von Werkstoffen in unserem Berufsfeld. Nennen Sie die Art des Werkstoffes und welche Produkte daraus hergestellt werden.

2. Metalle und Legierungen

Stahl und Gusswerkstoffe werden in unserem Beruf an vielen Stellen eingesetzt. In der Befestigungstechnik werden einige Bauteile aus verzinktem Stahl gefertigt. Aus Eisen-Gusswerkstoffen werden Abwasserrohre, Formteile (Fittinge) für mittelschwere Gewinderohre, Pumpengehäuse oder luxuriöse Badewannen hergestellt. Wir beschäftigen uns deshalb als Erstes etwas näher mit Eisenwerkstoffen. Im folgenden Arbeitsauftrag lernen Sie folgende Lerneinheiten kennen:

- Wie sind Metalle aufgebaut?
- Was sind Legierungen?
- Wie entstehen Werkstoffeigenschaften?
- Wo werden Nicht-Eisenmetalle und Legierungen im Anlagenbau eingesetzt?
- Wo werden Eisen-Gusswerkstoffe und Baustähle im Anlagenbau eingesetzt?

2.1 Aufbau von Metallen

Suchen Sie das Kapitel über den Aufbau von Metallen im Fachbuch und notieren Sie die Seite links!

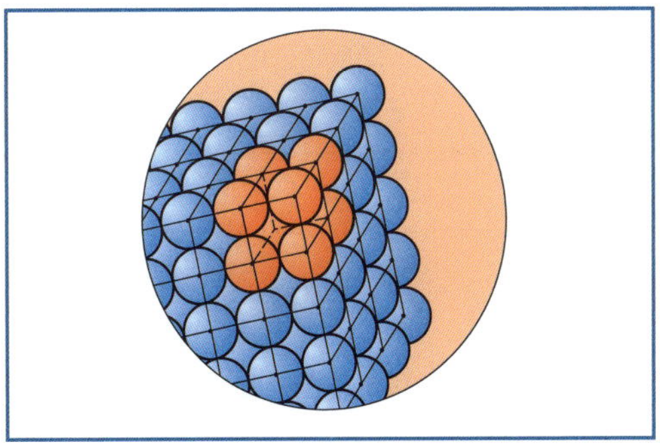

Bild 1: Aufbau Metall

Fachbuch

a) Nennen und beschreiben Sie den Effekt, der dazu führt, dass die Metallatome fest zusammenhalten.

____

____

b) Beschreiben Sie, warum Metalle elektrisch leitend sind.

____

____

____

Es existieren viele verschiedene Metalle. Manche werden als reine Metalle verwendet, andere sind als reine Metalle im technischen Bereich nicht brauchbar.
Reine Metalle werden „legiert", um andere oder verbesserte Eigenschaften zu ermöglichen. Stahl, den Sie für Schrauben, Montageschienen oder Schellen verwenden, ist eine Legierung aus Stahl und Kohlenstoff. Reines Eisen ist sehr weich und würde sich schon bei kleinen Belastungen verformen. Durch die Zugabe von Kohlenstoff wird aus Eisen „Stahl". Je nachdem mit wie viel Kohlenstoff legiert wird, entstehen Stähle, die sehr stabil sind und hohe Lasten tragen können.

c) Beschreiben Sie, was unter reinen Metallen verstanden wird. Beschreiben Sie auch, welche reinen Metalle in Ihrem Beruf eingesetzt werden.

d) Beschreiben Sie den Unterschied zwischen Kristallgemisch-Legierungen und Mischkristall-Legierungen.

Fachbuch

Tab-Buch

e) Neben Schrauben und Schellen wird noch sehr viel mehr aus Stahl hergestellt, was Sie in Ihrer Praxis nutzen. Nennen Sie Stähle und Eisen-Gusswerkstoffe aus Ihrer Praxis. Nennen Sie das Produkt und beschreiben Sie, wie das Produkt verwendet wird. Nutzen Sie die folgende Tabelle und das Fachbuch sowie das Tabellenbuch.

	Eisen-Kohlenstoff-legierung	**Verwendung der Legierung als Bauteil oder Werkzeug**
1		
2		
3		
4		
5		

2.2 Kupferlegierungen

Jeder Werkstoff hat besondere Eigenschaften. Da wo in einem Bereich eine Eigenschaft ein großer Nachteil ist, ist die gleiche Eigenschaft woanders ein großer Vorteil. In Ihrem Handwerk kommt der Werkstoff Kupfer sehr häufig vor. Kupfer bringt Eigenschaften mit, die unter den Bedingungen in unserem Bereich sehr vorteilhaft sind. Insbesondere ist im Bereich Trinkwasser, in dem Korrosion eine große Rolle spielt. Beantworten Sie die folgenden Fragen:

Fachbuch

a) Beschreiben Sie die grundlegenden Eigenschaften von Kupfer.

b) Zeigen Sie, welche Eigenschaften von Kupfer besonders vorteilhaft für die Verwendung in Ihrem Beruf sind.

c) Nennen Sie zwei Kupferlegierungen, die Sie aus Ihrer Praxis kennen. Nennen Sie Bauteile oder Produkte, die aus diesen Legierungen hergestellt werden.

Kupferlegierung	Verwendung der Legierung

2.3 Zinn und Zinnlegierungen

Heute wird kaum noch gelötet, trotzdem haben Sie schon mal was von „Lötzinn" gehört. Beantworten Sie die folgenden zwei Fragen:

Fachbuch

a) Erläutern Sie die Eigenschaften der Zinnlegierungen „Weichlot".

b) Zeigen Sie, wo in Ihrem Beruf Zinn außerdem eingesetzt wird.

2.4 Aluminium

Aluminium hat eine verhältnismäßig geringe Dichte. Stahl oder Zinn sind deutlich „schwerer". Durch spezielle Behandlungen und Legierungen kann Aluminium trotzdem recht hart werden, weshalb im Flugzeugbau oder in der Fahrzeugtechnik viel Aluminium eingesetzt wird. Das Verhältnis zwischen Gewicht und Stabilität bei Aluminiumkonstruktionen ist sehr günstig.

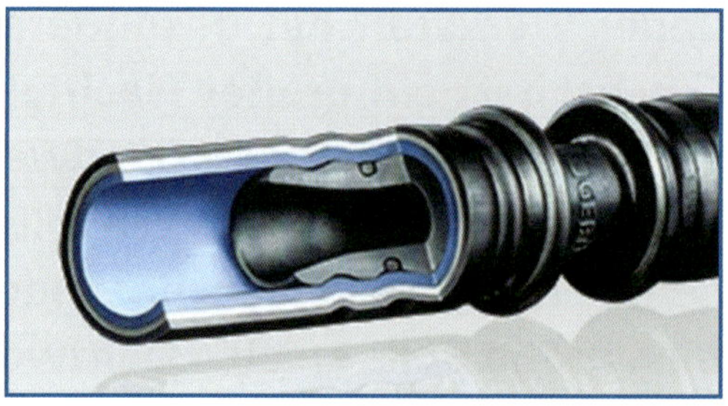

Bild 1: Beispiel Aluminium

Sie finden Aluminium auch als Profile für Fenster, Fassaden oder Gehäuse für Notebooks und Smartphones.

Aluminium wird noch nicht so lange im Anlagenbau eingesetzt. Durch die Erfindung der „Metall-Mehrschichtverbundrohre" hat Aluminium als Werkstoff immer mehr an Bedeutung gewonnen.

Beantworten Sie die folgenden zwei Fragen:

a) Beschreiben Sie den Einsatz von Aluminium als eine Schicht bei Mehrschichtverbundrohren.

____

____

____

____

____

____

____

____

b) Nennen Sie ein weiteres Produkt aus Aluminium aus Ihrer beruflichen Praxis.

____

____

2.5 Korrosion

Korrosion bedeutet, dass sich ein Stoff durch die **Einwirkung von Sauerstoff und Feuchtigkeit** verändert.

Bei Stahl wird das auch als „Rost“ bezeichnet. Rost ist fachlich nicht korrekt, es handelt sich immer um Oxid. Als Oxid wird der Stoff bezeichnet, der bei der Reaktion von Sauerstoff und Metall entsteht. Der Vorgang heißt dann auch nicht „rosten“, sondern Oxidieren. Im Bereich Werkstofftechnik wird der Vorgang Korrosion genannt, ein Stahl korrodiert. In Wasserrohren herrscht Korrosion.

Wenn Kupfer mit anderen Stoffen reagiert und korrodiert, verfärbt es sich grün und wird porös. Diese grüne Schicht wird Grünspan genannt.

Andere Metalle sind **korrosionsfest.** Ganz besonders **Edelstahl** und **Aluminium.**

Bild 1: Verostetes Schiff

Edelstahl ist sowohl bei längeren Standzeiten als auch im direkten Kontakt mit anderen Metallen unempfindlich. Allerdings korrodieren auch Aluminium und Edelstahl (sehr langsam). Der Fachbegriff hier heißt **„Passivierung“.** Wenn Stahl rostet, bildet sich Rost. Besser gesagt: Wenn Stahl korrodiert, bildet sich **Eisenoxid.** Wenn eine Wunderkerze abgebrannt ist, bleibt ein schwarzer Staub übrig, das ist Magnesiumoxid.

Bild 2: Grünspan

Bei Magnesium, Stahl oder Kupfer entstehen durch die Korrosion Oxide, die porös sind und nicht fest anhaften.

Bei anderen Metallen entstehen **Oxidschichten,** die fest anhaften und nur mit Werkzeug entfernt werden können (Drahtbürste oder Feile). Diese Oxidschichten sind so fest, hart und fest anhaftend, dass sie das darunter liegende **Material schützen.** So lässt diese Schicht keinen Sauerstoff und kein Wasser an das darunterliegende Material.

Genau dieser Vorgang tritt in Kraft bei Edelstahl und Aluminium. Sie passivieren. Entsteht ein Kratzer bspw. an einer Alufelge beim Einparken oder bei einer Edelstahlleitung, weil Sie mit dem Schraubenzieher abrutschen, erscheint das Material silbrig glänzend. Nach kurzer Zeit wird das Material wieder matt sein, weil sich eine neue Oxidschicht gebildet hat und das darunterliegende Material wieder schützt.

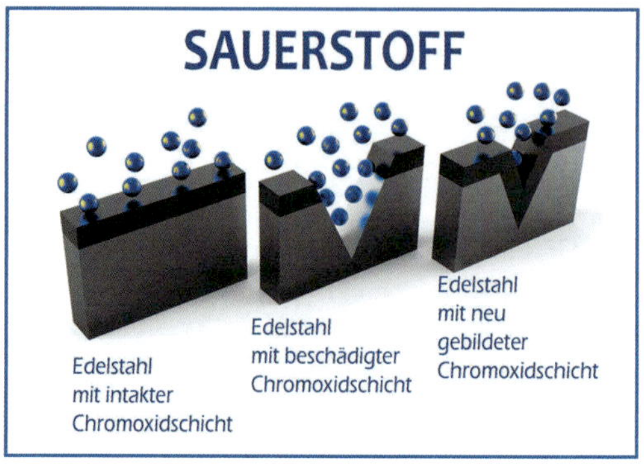

Bild 1: Passivierung

Eine ähnliche Wirkung hat die sogenannte **„Patina“** auf Kupfer und Kupferlegierungen im Bereich Anlagen-bau, z. B. bei **Messing.** Als noch vornehmlich gelötet wurde, wurden einige Formteile (Fittinge) aus Rotguss hergestellt (auch eine Kupferlegierung).

Bild 2: Messinghahn

Dieses Material wird mit dem Aussterben der Lötverfahren kaum noch verwendet. Messing wird für sehr viele Bauteile eingesetzt. Auch Kupferrohre werden sehr häufig eingesetzt. Die Patina (die Oxidschicht) ist auch passivierend und schütz das darunterliegende Material, weshalb Kupfer und Messing sehr korrosionsfest sind und sich für den Trinkwasserbereich sehr gut eignen.

Notieren Sie mindestens drei Bauteile aus Messing und deren Verwendung. Beantworten Sie folgende Fragen auf der nächsten Seite:

Bauteil aus Messing	Verwendung / Einsatzzweck

a) Beschreiben Sie den Vorgang der Reaktion zwischen Sauerstoff und einem Eisenmetall. Verwenden Sie korrekte Fachbegriffe.

b) Aus der Reaktion von Metallen und Sauerstoff ergeben sich neue Substanzen (sog. Reaktionsprodukte). Allgemein oder in der Chemie sind das alles ___________.

Nennen Sie die Reaktionsprodukte, die zwischen Sauerstoff/Kupfer, Sauerstoff/Messing und Sauerstoff/Stahl entstehen.

c) Messing ist eine Kupferlegierung. Nennen Sie die Legierungselemente. Schlagen Sie dazu im Fachbuch nach.

Fachbuch

d) Nennen Sie die wichtigsten Eigenschaften von Messing und warum diese Eigenschaften bei Bauteilen im SHK-Handwerk von Vorteil sind.

e) Beschreiben Sie den Vorgang der Passivierung am Beispiel Edelstahl.

2.6 Quiz: Metalle und Legierungen

a) Metalle bestehen aus Metallatomen, die durch einen physikalischen Effekt zusammengehalten werden, der

❐ Mullbinde.
❐ Atomkraft.
❐ Metallbindung

b) Kristallgemisch-Legierungen sind im Gegensatz zu Mischkristall-Legierungen …

❐ nicht vermischt, sondern entmischen sich beim Erstarren.
❐ deutlich härter und belastbarer.
❐ magnetisch.

c) Zur Herstellung von Werkzeugen zur Rohrbearbeitung, verwendet man …

❐ Kupfer.
❐ Eisen-Kohlenstoff-Legierungen.
❐ Eisen.

d) Kupfer wird zu Rohren bearbeitet, weil es …

❐ gut Strom leitet.
❐ korrosionsfest ist.
❐ eine hohe Festigkeit besitzt.

e) Messing ist eine Kupferlegierung aus …

❐ Kupfer und Zinn.
❐ Kupfer und Zink.
❐ Kupfer, Zinn und Zink.

f) Metall-Mehrschichtverbundrohre bestehen aus …

❐ Kunststoff und Aluminium, um besonders leicht zu sein.
❐ Kunststoff und Weißblech, um das Blech zu schützen.
❐ Kunststoff und Aluminium, um den Kunststoff zu stabilisieren.

g) Sie sehen im Keller des Kunden ein Rohr, dass an einigen Stellen einen grünen Belag hat. Dabei handelt es sich um …

❐ Rost.
❐ Kalk.
❐ Grünspan.

h) Patina ist …

❐ eine Korrosionsschicht, die das Material schützt.
❐ ein weiblicher Mafiaboss.
❐ ein Defekt am Material.

i) Rohre aus Edelstahl sind besonders robust, weil …

❐ der Stahl durch Hitze veredelt wurde und so fester wird.
❐ weil eine Passivierung das Material schützt
❐ Silber den Stahl veredelt hat.

j) Ventile, Schieber und Armaturen sind komplexe Bauteile. Die Herstellung erfolgt mit …

❐ Blei, weil Blei gut zu gießen ist und Blei nicht oxidiert.
❐ Messing, weil Messing gut zu gießen ist und Messing passiviert.
❐ Edelstahl, weil Edelstahl gut zu schmieden und robust ist.

2.7 Kopfübung Metalle und Legierungen

Im Folgenden beantworten Sie einige Fragen zu den vorigen Lerneinheiten. Zunächst nur aus dem Kopf. Bei der Korrektur können Sie Ihr Fachbuch und Ihre Unterlagen nutzen.

LF1	Kopfübung zu Eisen- und Nichteisenmetallen	
Max. Punkte: 20	Erreichte Punkte:	Note:

a) Nennen und beschreiben Sie den Effekt, der dazu führt, dass die Metallatome fest zusammenhalten. [2]

b) Beschreiben Sie den Vorgang „Legieren von Metallen" und das Ziel dieses Vorgangs. [2]

c) Erläutern Sie, was im technischen Bereich mit Legierungen erreicht werden soll. [3]

d) Nennen Sie zwei Eisen-Kohlenstofflegierungen. Zeigen Sie je zwei Beispiele, für welchen Anwendungszweck diese Legierungen angewandt werden. [4]

e) Beschreiben Sie die grundlegenden Eigenschaften von Kupfer, die in Ihrem Beruf besonders von Vorteil sind. [2]

f) Nennen Sie eine Kupferlegierung aus Ihrem Berufsfeld. Zeigen Sie mindesten zwei Verwendungszwecke dieser Legierung. [2]

g) Beschreiben Sie die Anwendungen von Aluminium im Bereich SHK. [2]

h) Beschreiben Sie den chemischen Vorgang Korrosion. Beschreiben Sie auch die Bedeutung von Korrosion in Ihrem Berufsfeld. [3]

Notenspiegel	1	2	3	4	5	6	ø
Anzahl							
Auswertung	mögl. Punkte		erreichte Punkte		%	Ihre Note	
	20						

3. Kunststoffe im Anlagenbau

Finden Sie zuerst das Kapitel „Kunststoffe“ im Fachbuch, für weitere Informationen und zum Nachschlagen.

Fachbuch

Der Beruf „Anlagenmechaniker“ wird bis heute als metalltechnischer Beruf gesehen. Metalle wie Aluminium, Gussstahl oder Edelstahl haben sicher einen hohen Stellenwert in unserem Beruf. Der Stellenwert der **Kunststoffe** gewinnt aber immer mehr an Bedeutung. Gerade wenn **Korrosionsgefahr** herrscht, sind Kunststoffe die erste Wahl. Für alle Bereiche in der Installationstechnik sind Kunststoffsysteme als Alternative zu Kupfer oder Edelstahl vorhanden. Im Folgenden werden Sie Kunststoffe in Eigenschaften, Anwendung und Ausführung kennenlernen.

Kunststoffe werden in drei verschiedene Arten nach ihrem inneren Aufbau und ihrem Verhalten bei der Erwärmung eingeteilt. Welche sind das?

Listen Sie alle Rohrleitungen und Bauteile auf, die Sie von der Baustelle kennen. Ordnen Sie Ihrer Liste zu, um welche Kunststoffart es sich handeln könnte.

Bauteil / Werkzeug / Rohrsystem	Kunststoffart

Im Fachbuch finden Sie für jede Kunststoffart eine Skizze. Zeichnen Sie die Skizzen in die untenstehende Tabelle ein.

Beschreiben Sie mit eigenen Worten die Eigenschaften des jeweiligen Kunststoffes und was aus diesem Kunststoff hergestellt wird.

Kunststoffart	**Thermoplast**	**Duroplast**	**Elastomer**
Skizze Aufbau			
Eigenschaften			
Bezeichnung Kunststoffe			

// Die wichtigsten Kunststoffe im Anlagenbau sind derzeit PE und PUR:

PE kennen Sie bereits, denn Verpackungen, Folien oder Luftpolster, die gerade für den Versand von Produkten zum Schutz verwendet werden, sind aus PE-Folien hergestellt. Oft finden Sie auf Folien einen Aufdruck „PE-LD". Die Abkürzung LD steht für „low density" (niedrige Dichte). Diese Form von PE ist also besonders leicht. PE-Rohre, die für den Einsatz im Erdreich eingesetzt werden, schwarze Rohre mit einem blauen Strich werden aus PE-HD hergestellt. Hier bedeutet HD „high density" (hohe Dichte). PE-HD Rohre sind sehr robust und unempfindlich gegenüber Nässe. PE ist also sehr korrosionsfest. PE-Rohre sind auch gegenüber mechanischen Einwirkungen sehr widerstandsfähig. PE-Rohre können beim Verlegen im Erdreich ohne zusätzlichen Schutz direkt auf das Sandbett verlegt werden.

PE-X ist eine weitere Form von PE. Das X steht hier für „hochvernetzt". Rohre aus PE-X sind sehr flexibel, sie verhalten sich fast wie Schläuche beim verlegen. Deshalb sind PE-X-Rohre gut für vielen Bögen und Richtungsänderungen geeignet. Für den Bau von Fußbodenheizungen werden heute meistens diese Rohre eingesetzt, die nur aus PE-X hergestellt sind. Die Farbe ist milchig bis transparent.

PE-X-Rohre werden auch für den Trinkwasserbereich angeboten, gerade für das Verlegen in Ständerwerken oder hinter Vorwandelementen ist die Ähnlichkeit zum Schlauch von Vorteil. Es kann sehr schnell gearbeitet werden. Aus PE-X besteht aber auch die innere Schicht von Mehrschichtverbundrohren, da diese sehr flexibel, glatt und lebensmittelecht ist. Durch den Alumantel in der Mitte der Schichten erhält das Rohr eine höhere Stabilität. Mehrschichtverbundrohre können deshalb auch an Decken oder als Steigleitung verlegt werden. Rohre, die nur aus PE-X bestehen, würden durchhängen.

PUR ist ein Kunststoff, der geschäumt werden kann und als Schaum aushärtet. Sie kennen PUR vielleicht als „Bauschaum" oder fachlich korrekt: Montageschaum. Aber auch Dämmplatten oder Rohrisolierungen werden aus PUR hergestellt. Beim Auf-schäumen von PUR wird Luft als kleine Bläschen eingeschlossen, die auch nach dem Aushärten eingeschlossen bleiben. Ruhende Luft wirkt isolierend und verhindert zu schnelles Auskühlen von Speichern oder Rohrleitungen.

a) Nennen Sie die Abkürzung PE ausgeschrieben.

b) Nennen Sie Bereiche im Anlagenbau, in denen PE eingesetzt wird.

c) Nennen Sie Produkte, die als Isolierung verwendet werden.

3.1 Kopfübung: Kunststoffe im Anlagenbau (Leistungsnachweis)

Im Folgenden beantworten Sie einige Fragen zu den vorigen Lerneinheiten. Zunächst nur aus dem Kopf. Bei der Korrektur können Sie Ihr Fachbuch und Ihre Unterlagen nutzen.

LF1	Kopfübung zu Kunststoffen Anlagenbau	
Max. Punkte: 30	Erreichte Punkte:	Note:

a) Nennen Sie die drei grundsätzlichen Kunststoffarten. Für welche Bauteile werden diese Kunststoffe eingesetzt. Nennen Sie je ein Beispiel. [6]

b) Zeichnen Sie für jede Kunststoffart eine Strukturskizze. Benennen Sie in Ihrer Zeichnung die Elemente, die die typischen Eigenschaften des Kunststoffes ausmachen. [9]

c) Erläutern Sie die Eigenschaften der Kunststoffe PE und PUR und beschreiben Sie, wie diese in Ihrem Beruf eingesetzt werden. [4]

d) Nennen Sie die vollständigen Namen für die Abkürzungen PE-HD und PE-X und einen Einsatzbereich. [4]

e) Ordnen Sie diese Kunststoffe der entsprechenden Kunststoffart zu: PE. PUR, Silikon und PP. [4]

f) Erläutern Sie für Ihr Handwerk wichtige Eigenschaften von Kunststoffen. [3]

Notenspiegel	1	2	3	4	5	6	ø
Anzahl							
Auswertung	mögl. Punkte		erreichte Punkte		%	Ihre Note	
	30						

4. Analyse von Bauteilen aus dem Anlagenbau

Bild 1: Grünspan

Im Folgenden werden Baugruppen aus verschiedenen Rohrsystemen und Werkstoffen abgebildet.

Ihre Aufgabe besteht darin, die Werkstoffe der Baugruppen zu analysieren. Dazu erhalten Sie eine Tabelle, die Ihnen die Kriterien vorgibt. Die Kriterien sind:

- Bauteil: Damit sind die Teile gemeint, die zu einer Funktionseinheit gehören und aus dem gleichen Werkstoff hergestellt sind.
- Werkstoff: Der Werkstoff oder die Legierung des Bauteils. Wenn der Werkstoff eine Legierung ist, müssen Sie auch die Legierungsbestandteile nennen.
- Dichte: Die Dichte finden Sie im Tabellenbuch. Wiederholung: Die Dichte ist eine physikalische Größe, die beschreibt:

  ____

- Eigenschaften und Anwendung: Nennen Sie die Eigenschaften, die im Anlagenbau von Vorteil sind. Zeigen Sie, in welchem Bereich Ihres Berufs der Werkstoff angewendet wird, also welche Produkte Sie aus diesem Werkstoff auf Ihrer Arbeit verbauen.

1. Baugruppe: ______________________________

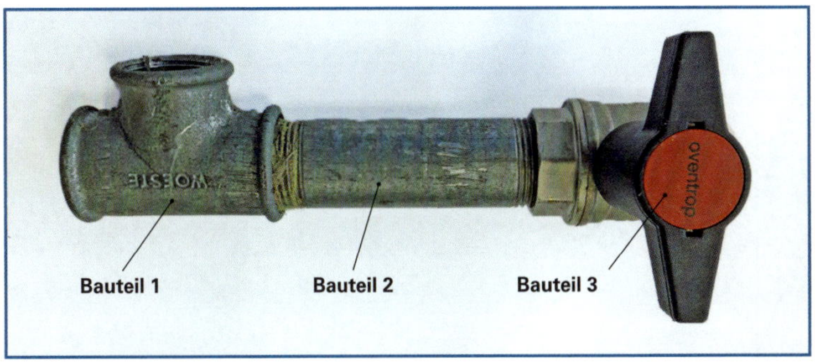

Bild 1: Kugelhahn

Bauteilgruppe 1:			
Bauteil 1:		Werkstoff	
Dichte:		Korrosion	
Bauteil 2:		Werkstoff	
Dichte		Korrosion	
Bauteil 3:		Werkstoff	
Dichte:	kleiner 1, Kunststoffe schwimmen	Korrosion	
Eigenschaften und Anwendung:			

2. Baugruppe: ____________________

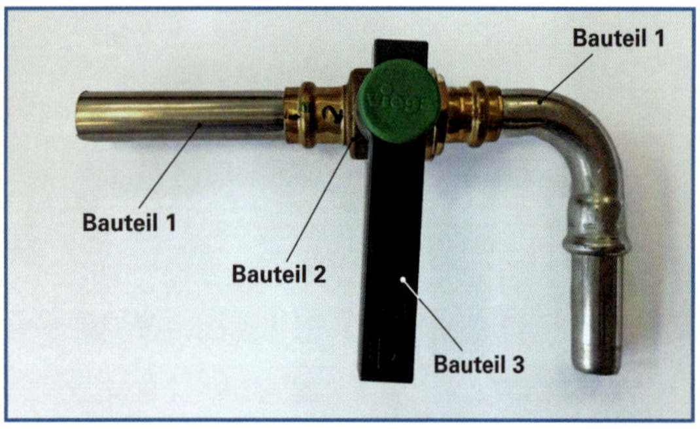

Bild 1: Kugelhahn Edelstahl

Bauteilgruppe 2:			
Bauteil 1:		Werkstoff	
Dichte:		Korrosion	
Bauteil 2:		Werkstoff	
Dichte		Korrosion	
Bauteil 3:		Werkstoff	
Dichte:	kleiner 1, Kunststoffe schwimmen	Korrosion	

3. Baugruppe: ______________________________

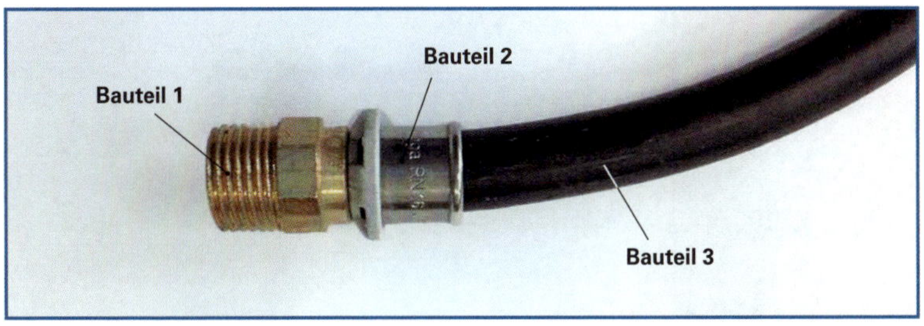

Bild 1: Übergang Außengewinde

Bauteilgruppe 3:			
Bauteil 1:		Werkstoff	
Dichte:		Korrosion	
Bauteil 2:		Werkstoff	
Dichte		Korrosion	
Bauteil 3:		Werkstoff	
Dichte:		Korrosion	

4. Baugruppe: ______

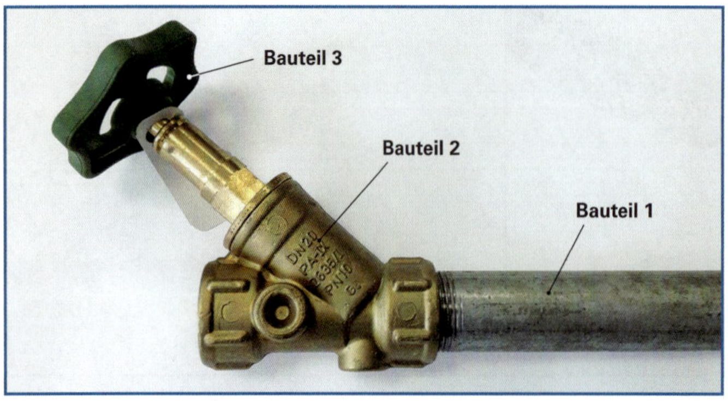

Bild 1: Schrägsitzhahn

Bauteilgruppe 4:			
Bauteil 1:		Werkstoff	
Dichte:		Korrosion	
Bauteil 2:		Werkstoff	
Dichte		Korrosion	
Bauteil 3:		Werkstoff	
Dichte:	kleiner 1, Kunststoffe schwimmen	Korrosion	

4.1 Abschlusstest: Werkstoffe im Anlagenbau

Sie absolvieren die Abschlussklausur.

Hilfsmittel: ______________________________

LF1	Abschlusstest: Werkstoffe im Anlagenbau	
Max. Punkte: 30	Erreichte Punkte:	Note:

Teil 1: Metalle

a) Beschreiben Sie den Unterschied zwischen Eisen- und Nichteisenmetallen und Schwermetallen. Nennen Sie als Beispiel jeweils ein Metall für diese Unterscheidung. [3]

b) Erläutern Sie die Eigenschaften, die besonders wichtig für Bauteile in Ihrem Berufsfeld sind. Verwenden Sie dafür jeweils einen Werkstoff, an dem Sie Ihre Erläuterung anschaulich darstellen. [3]

c) Was versteht man unter dem chemischen Vorgang der Korrosion? Welchen Stellenwert hat Korrosion im Anlagenbau? [3]

d) Welche Werkstoffe können in unserem Beruf als korrosionsbeständig gesehen werden? Nennen Sie mindestens fünf Werkstoffe. [3]

e) Skizzieren Sie den atomaren Aufbau von Metallen und zeigen Sie anhand Ihrer Skizze die Metallbindung. [3]

f) Wie stellen metallische Werkstoffe eine Korrosionsbeständigkeit her? Erläutern Sie diese Eigenschaft anhand von Edelstahl und Kupfer. [3]

Teil 2: Kunststoffe

g) Erläutern Sie mittels Beispiele die Unterschiede zwischen den verschiedenen Kunststoffarten. Skizzieren Sie den Aufbau und Erläutern Sie die Eigenschaften anhand ihrer Skizzen. [3]

h) In welchen Bereich des Anlagenbaus werden Kunststoffe vorwiegend eingesetzt und warum? Nennen Sie zwei unterschiedliche Bereiche und erläutern Sie diese ausführlich mittels Ihres großen Wissens aus der Werkstofftechnik. [3]

i) Nennen Sie je ein Beispiel für die Verwendung von PE und PUR. Erläutern Sie die Eigenschaften, die bei dieser Verwendung von Vorteil sind. [3]

Teil 3: Bearbeiten einer Baugruppe – Mindmap und Erläuterung

j) Fertigen Sie für die aufgeführte Baugruppe eine Analyse an, an der Sie die Punkte aus der Checkliste abarbeiten. [3]

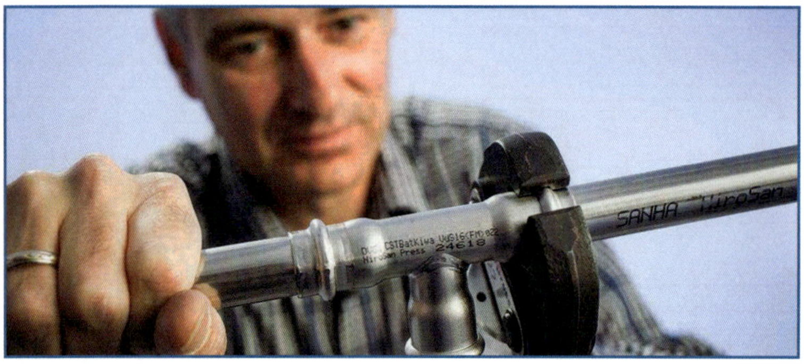

Bild 1: Edelstahl-Presssystem

Bauteilgruppe 1:			
Bauteil 1:		Werkstoff	
Dichte:		Korrosion	
Bauteil 2:		Werkstoff	
Dichte		Korrosion	

Arbeitsheft SHK – Lernfeld 2

Einrichtung eines Hauswirtschaftsraumes

Im Lernfeld 2 lernen Sie **Arbeitsaufträge mithilfe von Maschinen** zu planen. Im Lernfeld 1 haben Sie bereits erste Installationen durchgearbeitet und gezeichnet. Gleichzeitig haben Sie überlegt, welches Material Sie für die Herstellung benötigen.

Bild 1: Beispiel Hauswirtschaftsraum

Jetzt schauen wir neben der **Planung und der Auswahl des Materials,** welche **Werkzeuge und Maschinen** Sie für die Herstellung benötigen und wie diese funktionieren.

Im Alltag verwenden Sie regelmäßig Pressmaschinen, Bohrhammer und Akkuschrauber. Pressmaschinen (Maschinen zur Rohrverbindung) sind von großer Bedeutung, da mit ihnen direkte Rohrverbindungen hergestellt werden können. Bei falscher Handhabung können erheblichen **Schäden,** wie z. B. ein Wasserschaden oder ein zerstörtes T-Stück, entstehen.

Bild 2: Beispiel Pressvorgang

Deshalb schauen wir uns die Pressmaschinen etwas genauer an. Bohrhammer und Akkuschrauber nutzen wir einfach. Wir müssen sie nicht reparieren oder warten. Deshalb sind diese Maschinen kein Thema.

Allerdings benötigen wir Bohrer und Meisel. Aus diesem Grund wird das Funktionsprinzip von **Bohrern** erklärt.

Zum Ende des Lernfeld 2 wird noch das Thema **Geld** behandelt. Denn tatsächlich ist es deutlich schwerer, eine Rechnung zu schreiben, als eine Rechnung zu bezahlen. Wie alle Kosten berücksichtigt werden, lernen Sie bei der **„Kostenleistungsrechnung“.**

// Hier sind die notwendigen Informationen zum Arbeitsauftrag:

Ihr Meister ruft Sie zu sich, er hat einen Auftrag für Sie. Bei Familie Aysel soll ein Kellerraum zu einem Hauswirtschaftsraum umgebaut werden. In dem Raum befinden sich schon ein Bodenablauf und eine Entwässerungsleitung. Der Raum wurde auch bereits gefliest. Die **Kaltwasserleitung** fehlt noch. Sie und Ihr Geselle werden beauftragt, **Anschlüsse für eine Waschmaschine, einen Schlauch und ein Ausgussbecken zu realisieren.** Für die Planung hat der Meister eine **Handskizze** vom Kundenbesuch mitgebracht. Im Hauswirtschaftsraum sollen drei Anschlüsse zur Verfügung stehen:

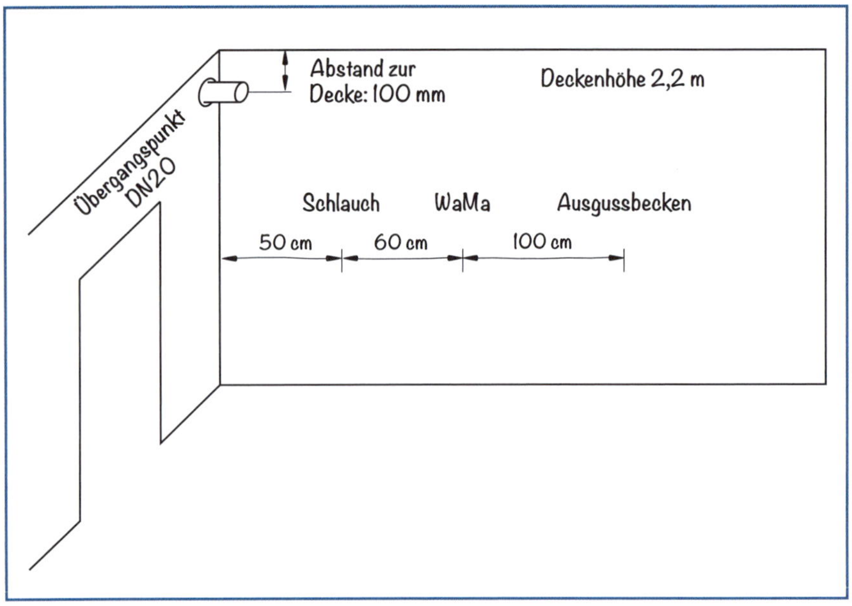

Bild 1: Handskizze vom Meister – Hauswirtschaftsraum

1. Anschluss – Wasserschlauch:

Im Hauswirtschaftsraum ist ein Bodenablauf installiert. Bei dreckigen Arbeiten, z. B. dem Waschen eines Fahrrads oder eines Teppichs, kann mit dem Schlauch der Boden abgeduscht werden. Es ist ein Auslaufventil (umgangssprachlich „Zapfhahn") DN20 bzw. ¾ vorgesehen

2. Anschluss – Waschmaschinenanschluss:

Damit die Waschmaschine Wasser ziehen kann, braucht sie einen DN20 Anschluss mit Auslaufventil.

3. Anschluss – Ausgussbecken:

Für das Füllen von Putzeimern, Gießkannen oder um kleinere Gegenstände zu reinigen soll ein Anschluss für ein Ausgussbecken installiert werden. Das Ausgussbecken benötigt einen Anschluss mit DN15 bzw. ½ mit Auslaufventil. Im letzten Lernfeld haben Sie bereits einen Anschluss für ein Ausgussbecken geplant, Sie sind hier bereits Experte.

Es liegt Ihnen außerdem ein Grundriss vor, den Sie auf den nächsten Seiten finden. Durch die Handskizze und den Grundriss sind alle Maße und Daten gegeben.

// Hier sind die Arbeitsaufträge über den gesamten Auftrag:

1. Zeichnerische Planung Hauswirtschaftraum

2. Befestigungstechnik: Rohrschellen und Ausgussbecken montieren

3. Rohrverbindungen herstellen

4. Kostenleistungsrechnung

Installation wird zunächst in Edelstahl (pressen) ausgeführt, alles DN20!

1. Zeichnerische Planung Hauswirtschaftsraum

Vom Kunden wurde Ihnen ein Grundriss zur Verfügung gestellt.

Ihr Meister hat den Übergabepunkt der Kaltwasserleitung eingezeichnet. Sie sehen diesen Punkt in der Handskizze Bild 1 Seite 63 als kurzes Rohrstück angedeutet.

Im Grundriss sehen Sie den Übergabepunkt aus der Draufsicht mit weiteren Abständen.

Zeichnen Sie im Grundriss Ihren geplanten Leitungsverlauf ein.

- Verwenden Sie am besten die Farbe „Grün".
- Zeichnen Sie von oben gesehen ein, wo Sie mit der Leitung starten und wo Sie die T-Stücke bzw. die Anschlüsse setzen wollen.
- Zeichnen Sie maßhaltig, der Maßstab ist 1:20.
- Den Grundriss finden Sie auf der nächsten Seite.

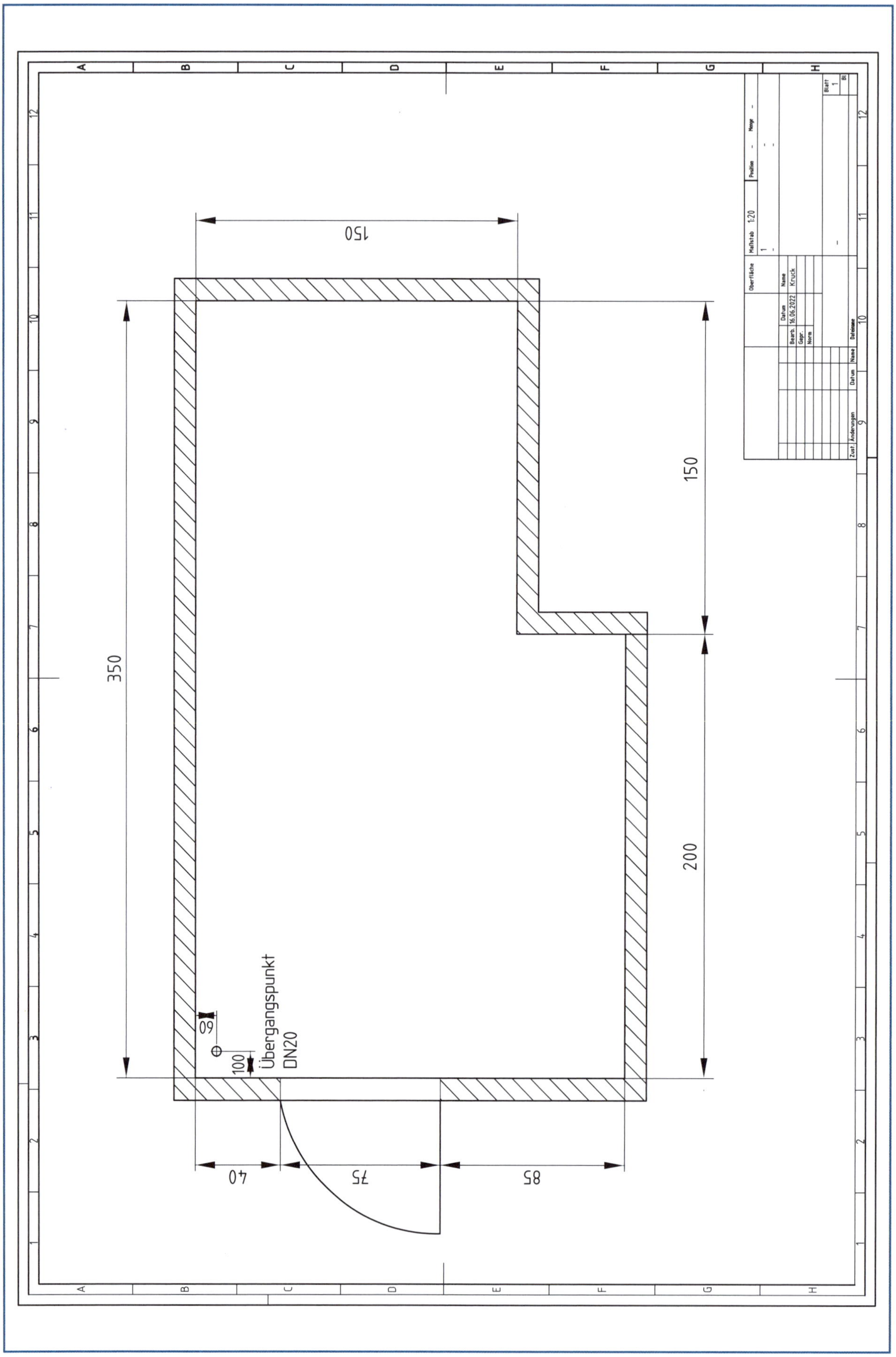
150
350
150
200
60
100
Übergangspunkt
DN20
40
75
85
Maßstab 1:20
Bearb. 16.06.2022 Kruck

Erstellen Sie die Planung des Rohrverlaufs in der Vorderansicht

Sie haben im Grundriss den Rohrverlauf gezeichnet und wissen, an welche Stellen die Anschlüsse gesetzt werden sollen. Jetzt **planen** Sie die Installation in der **Vorderansicht.** In dieser Ansicht kann der gesamte Rohrverlauf mit allen Elementen und Bemaßungen dargestellt werden. Die Zeichnung rechts ist ein Beispiel dafür **(Bild 1).**

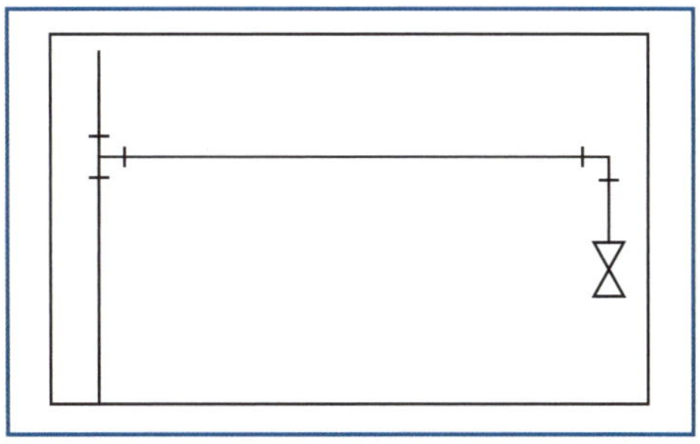

Bild 1: Beispiel Vorderansicht

a) **Zeichnen** Sie Ihren geplanten Rohrverlauf in der Vorderansicht, wählen Sie den **Maßstab** selbst und notieren Sie diesen in Ihrer Zeichnung.

b) **Bemaßen** Sie **alle** notwendigen **Abstände** zum Boden und zur Wand und den Rohrverlauf von Teilstück zu Teilstück. Überlegen Sie gut, auf welche Höhe die Kaltwasserleitung installiert werden soll. Im Tabellenbuch finden Sie Anhaltspunkte für Ihre Entscheidung.

c) **Zeichnen** Sie in Ihre Vorderansicht **Boden, Decke und Wände** ein. Das ist notwendig, um **alle Maße** einzeichnen zu können. Des Weiteren dient es als Hilfe und zur der Orientierung, wie und wo die Rohrleitung verlaufen soll.

d) **Erstellen** Sie eine **Stückliste** mit allen Materialien, die Sie benötigen. Planen Sie das Rohrsystem mit einem **Edelstahlrohr.** Für eine Aufputzmontage ist Edelstahl im Trinkwasserbereich vorteilhaft, da es sehr robust ist.

Pos.	Menge	Maße	Bezeichnung
1			
2			
3			
4			
5			
6			
7			
8			
9			
10			

R Position Rohrschelle

// Checkliste → Aus Ihrer Zeichnung können entnommen werden (abhaken ✔):

- alle Längen der Rohrabschnitte, ❍
- die Positionen der drei Anschlüsse, ❍
- Abstände zu Wand, Boden oder Decke. ❍

2. Befestigungstechnik: Rohrschellen und Ausgussbecken montieren

2.1 Vorbereitungen zur Montage der Rohrleitungen

Sie haben im vorherigen Schritt Ihre Planung abgegeben. Jetzt schauen wir etwas genauer auf die Befestigung von Rohren und anderen Elementen der Installation. Der Oberbegriff lautet hier **„Befestigungstechnik"**. Alles, was an Wänden und Decken befestigt werden muss, fällt in diesen Bereich. Von Lampen und Seifenschalen über Rohrleitungen und Kabelkanälen bis hin zu Klimageräten oder Wärmepumpen.

Mit Abstand am meisten werden in unserem Beruf Rohrleitungen mittels **Gleit- und Fixpunktschellen** oder einfach **Rohrschelle** genannt, befestigt. In diesem Auftrag werden Sie Rohrschellen verwenden.

Zum Einstieg zeichnen Sie hier eine Gleitschelle in der Seitenansicht mit allen Elementen als schematische Skizze. Schematisch heißt, Sie müssen keine Maße oder den Maßstab berücksichtigen. Sie zeichnen die Gleitschelle so, wie man sie sieht. Zeichnen Sie alle Elemente, die es zur Befestigung brauch und benennen Sie diese.

Fachbuch

Tab-Buch

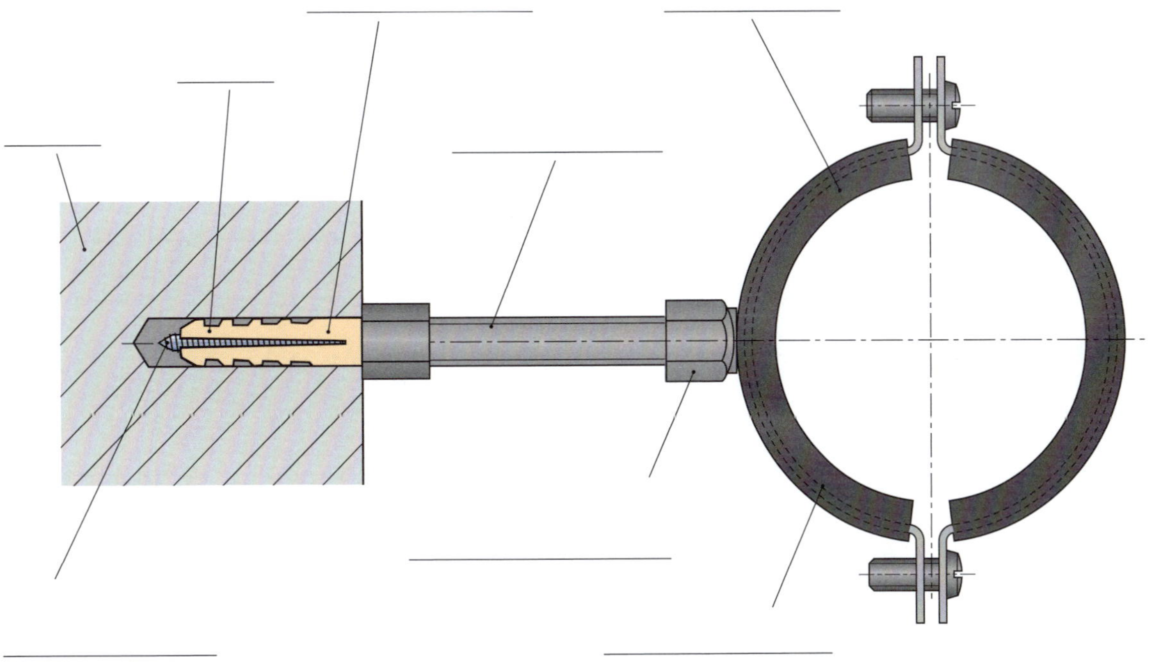

Im folgenden Kapitel lernen Sie, wie Rohrschellen im Detail funktionieren und wie Sie den richtigen Dübel für die Befestigung wählen.

2.2 Befestigungstechnik

Für die Montage der Rohrleitungen müssen Sie die Befestigungstechnik montieren. Zur Befestigung selbst werden reguläre Rohrschellen verwendet. Aber was muss so eine Rohrschelle alles können? Achtung: Rohre werden beim Erwärmen länger und ziehen sich beim Abkühlen wieder zusammen. Die Rohrschelle übernimmt dabei eine wichtige Funktion.

// Funktionen einer Gleitschelle

Recherchieren Sie in Ihrem Fachbuch, welche Funktionen die einzelnen Elemente der Rohrschelle übernehmen.

a) Gewindestück:

b) Zweiteilige Stahlschellen:

c) Gummieinlage:

d) Nennen Sie den Unterschied zwischen einer Gleitschelle und einer Fixpunktklemme.

// Befestigungsabstände von Rohrschellen

Rohrschellen werden bei der Montage in Abständen gesetzt. Das ist aber keine Gefühlssache. In welchen Abständen Rohrschellen gesetzt werden, können Sie dem Tabellenbuch entnehmen.

Lesen Sie die Abstände korrekt aus. Ergänzen Sie dazu folgende Tabelle:

Rohrsystem	DN	Abstände	Rohrsystem	DN	Abstände
Edelstahl	DN20		Kupfer		3,0 m
Metallverbundrohr	DN25		PVC-Rohr	DN25	
PP-Rohr		1,05 m	PE-Rohr		0,65 m

Schauen Sie sich die Tabelle genauer an. Erkennen Sie eine gewisse Logik, eine Begründung, warum ein System weitere Abstände als ein anderes System haben kann haben?

a) Formulieren Sie eine Faustformel, wann und warum Befestigungsabstände größer oder kleiner sein müssen. Benutzen Sie den Stil: Je .... das Rohr, desto .... die Abstände.

b) Begründen Sie mithilfe Ihres großen Wissens aus der Werkstofftechnik ihre Faustformeln, also die Begründung: Was hat die Physik damit zu tun und welche Folgen haben falsche Abstände für das Rohr?

Rohrverbindungen werden immer mit einer Rohrschelle gestützt, also bei Bögen oder T-Stücken. Dadurch können die Abstände der Rohrschellen kleiner sein als die Vorgabe aus dem Tabellenbuch. Das ist so korrekt!

Zeichnen Sie in Ihre Vorderansicht jetzt die Positionen der Rohrschellen ein und tragen Sie den Materialbedarf für die Rohrschellen in Ihrer Stückliste nach.

Exkurs: Längenänderung durch Temperaturänderung

Bild 1: Gleisverwerfung durch Längenänderung

Jeder Stoff auf der Erde verändert sein Volumen, wenn er sich erwärmt oder abkühlt. Deshalb werden z. B. Bahngleise so verlegt, dass immer, wenn ein Gleis an ein anderes gesetzt wird, ein kleiner Abstand zwischen den beiden Stößen gelassen wird. So kann sich das Gleis im Sommer ausdehnen, ohne dass sich die Gleise gegenseitig verschieben. Beim Fahren im Zug hört man deshalb auch ein regelmäßiges Klopfen, immer wenn das Rad über die Lücke zwischen zwei Gleisen fährt.

Bild 2: Kompensator

Längenänderungen treten auch bei Rohrleitungen auf, da sich diese immer wieder abkühlen und erwärmen. Zum Beispiel bei Heizungsanlagen nach dem Sommer, wenn die Heizperiode beginnt oder wenn die Heizung am Morgen nach der Nachtabsenkung wieder aufheizt. Rohr- bzw. Gleitschellen gleichen diese Ausdehnungen durch die Lamellen der Gummieinlage aus. Ist die Rohrleitung sehr lang, könnte auch dann eine Verwerfung wie bei den Bahngleisen, auftreten. Dann werden sogenannte Kompensatoren eingesetzt, um die große Längenänderung auszugleichen. Kompensatoren können große Änderungen durch Lamellen aufnehmen **(Bild 2).**

Fachbuch

Beschreiben Sie mit eigenen Worten, was Längenänderung durch Temperaturänderung in der Technik bewirkt. Nutzen Sie das Fachbuch.

Fachbuch

Beschreiben Sie, wo in unserem Beruf Längenänderungen auftreten und was Sie installieren, um die Längenänderung zu kompensieren. Nutzen Sie das Fachbuch.

Fachbuch

Zeichnen Sie in der Draufsicht, wie sich der Rohrverlauf ändert, wenn sich das Rohr durch Erwärmung ausdehnt. Recherchieren Sie dazu im Fachbuch.

Nicht alle Stoffe dehnen sich gleich viel bei einer Temperaturänderung aus.

Der Wert **„Längenausdehnungskoeffizient"** gibt an, wie viele Millimeter sich ein Material hinsichtlich der **1 K Temperaturänderung** ausdehnt oder zusammenzieht. Jedes Material hat einen spezifischen Längenaus-dehnungskoeffizienten.

Durch die Formel „Längenänderung fester Stoffe" und dem Längenausdehnungskoeffizienten können Sie berechnen, wie viele Millimeter sich ein Rohr bei einer bestimmten Temperaturdifferenz ausdehnt.

Die Temperaturdifferenz ist die Temperatur in Kelvin zwischen einer niedrigen und einer hohen Temperatur. Wenn ein Vorlauf 60 °C hat und der Rücklauf 40 °C, dann beträgt die Temperaturdifferenz zwischen VL und RL = 20 K. Schlagen Sie für weitere Informationen im Tabellenbuch nach.

Aufgabenset zu Vertiefung: Längenausdehnung

a) Notieren Sie die Längenausdehnungskoeffizienten für Aluminium, Stahl und Kupfer. Beschreiben Sie, was die Einheit des Koeffizienten aussagt.

b) Notieren Sie die Formel zur Berechnung der Längenänderung.

c) Berechnen Sie die Längenausdehnung eines Warmwasser-Stahlrohres l_1 = 75 m bei einer Temperaturdifferenz von 50 K.

d) Berechnen Sie die Längenausdehnung eines Kupferrohres in einer Heizungsanlage. In der Nacht hat das Rohr 35 °C, tagsüber beträgt die Vorlauftemperatur 50 °C. Das Rohr ist 32 m lang.

e) Ein Mehrschichtverbundrohr mit einem Alu-Kern ist 63 m lang. Die Temperatur schwankt zwischen 11 °C und 47 °C. Berechnen Sie die maximale Längenausdehnung.

2.3 Rohre befestigen – Rohrschellen und Rohre montieren

Sie wissen jetzt, welche Aufgaben eine Rohrschelle in der Installation übernimmt. Der Schallschutz, insbesondere in Mietshäusern, ist ein großes Thema.

Jetzt schauen wir uns an, wie Rohrschellen montiert werden, von der Bohrung bis zur Befestigung des Rohres. Sie haben sicher schon Rohrschellen montiert und haben darin Erfahrung.

// Brainstorming Rohrschelle setzen

Beschreiben Sie Ihren Arbeitsablauf beim Setzen einer „Schelle“ in Mauerwerk:

Schritt	Tätigkeit	Werkzeug / Maschine
1		
2		
3		
4		
5		

Sie können **Werkzeuge** und **Maschinen** benennen, welche Größe der **Bohrer** für den entsprechenden **Dübel** haben muss und in welche Reihenfolge die Arbeiten ablaufen.

Jetzt schauen wir uns die **Gegenstände** aus Ihrer **Liste** mal genauer an. Dafür ist auf der Baustelle oft nicht genug Zeit. Wie ist ein **Bohrer** aufgebaut? Wie funktioniert eigentlich ein **Dübel?** Welche Arten von **Mauerwerke** gibt es?

2.4 Bohrer im Anlagenbau SHK

Bild 1: Darstellung verschiedener Arten von Bausteinen

In der Technik und auf der Baustelle werden sehr viele **Werkstoffe** verwendet. Von Naturwerkstoffen wie Holz und Stein über verschiedene Stähle bis hin zu synthetischen Stoffen wie Kunststoffe oder Harze

Für jeden Werkstoff gibt es auch **spezielle Bohrer.** Nicht jeder Bohrer bohrt in jedem Werkstoff gleich gut bzw. wird bei falscher Anwendung zerstört. Zum Beispiel ist es möglich, mit einem Metallbohrer in Holz zu bohren. Es dauert aber lange und der Bohrer kann sehr heiß werden (bis zum Glühen). Es qualmt, riecht nach verbranntem Holz und der Bohrer ist danach stumpf. Andersrum wird ein **Holzbohrer** auf Stahl sofort zerstört.

// Bohren in Stein, Beton und Mauerwerk

Als Profis wählen wir für jeden Anwendungszweck das beste Werkzeug aus. Sie würde auch nicht mit einem Sportwagen in den Wald fahren, obwohl der Sportwagen mehr PS als ein Geländewagen hat, oder?

Es ist also wichtig zu wissen „wo Sie hinfahren": In der Wüste ein Geländewagen, auf der Rennstrecke ein Sportwagen, ein Traktor für die Landwirtschaft.

Merke: Entscheidend für die Wahl des richtigen Fahrzeugs ist hier: **Der Untergrund.**

So ist es nicht nur bei der Wahl des richtigen Steinbohrers, sondern auch bei der Wahl des richtigen Dübels.

Deshalb schauen wir uns zunächst an, welche Untergründe es gibt. Diese werden in der Befestigungstechnik **„Verankerungsgrund"** genannt.

// Verankerungsgründe auf der Baustelle

Mit Verankerungsgrund ist alles an Material oder Werkstoff gemeint, in das Sie ein Loch bohren, um mit einem Dübel eine Befestigung herzustellen. Das können Rohrschellen sein, eine Duschabtrennung oder die Halterung einer Seifenschale.

Fachbuch

Recherchieren Sie im Fachbuch, welche Arten von Bausteinen und deren Werkstoffe auf der Baustelle vorkommen (das sind alles Verankerungsgründe). Wir sprechen hier auch von Mauerwerk. Bausteine müssen aber nicht immer als Mauerwerk verarbeitet werden, sondern kommen auch als Bodenbelag (Natursteinfliesen), als Arbeitsplatten in der Küche oder als Dachabdeckungen vor. Später untersuchen wir, welche Arten von Dübel für welche Verankerungsgründe optimal sind.

Fachbuch

a) Nennen Sie Natursteine, die auf der Baustelle als Mauerwerk verwendet werden. Beschreiben Sie deren Eigenschaften. Skizzieren Sie den Aufbau.

b) Erläutern Sie, wie Wärmedämmziegel hergestellt werden und welche Vorteile sich daraus für das Mauerwerk ergeben. Erstellen Sie eine kleine Skizze vom Aufbau des Steins.

c) Beschreiben Sie den Aufbau von Kalksandsteinen. Nennen Sie die Vor- und Nachteile des Steins. Erstellen Sie eine kleine Skizze vom Aufbau des Steins.

d) Beschreiben Sie die Eigenschaften von Beton und wo Beton im Hausbau vorzugsweise eingesetzt wird.

// Auswahl der richtigen Dübel für einen Verankerungsgrund

Jetzt, wo Sie verschiedene Verankerungsgründe (Mauerwerke und Beton) kennengelernt haben, schauen wir uns an, welche Dübel für welchen Verankerungsgrund am besten geeignet sind.

Tab-Buch

Für diesen Arbeitsauftrag ist ein PC-Raum, das Smartphone oder ein Tablet von Vorteil. Die Verwendung des Fach- und Tabellenbuchs ist ausreichend, eine „digitale Unterstützung“ ist an dieser Stelle aber optimal und fördert den Umgang mit digitalen Medien.

Fachbuch

Auf den folgenden Seiten verschiedene Dübel dargestellt. Nutzen Sie für diesen Arbeitsauftrag das Fachbuch und/oder die Webseite des Herstellers „Würth“ (www.eshop.wuerth.de).

Arbeiten Sie heraus,

- **um welchen Dübel es sich handelt (Bezeichnung),**
- **für welchen Verankerungsgrund der Dübel geeignet ist. Unterscheiden Sie zwischen „gut geeignet“ und „bedingt geeignet“,**
- **wie der Dübel funktioniert. Was passiert mit dem Dübel beim Anziehen der Schraube, damit eine feste Verbindung entsteht. Erstellen Sie eine Skizze.**

a) Bezeichnung: ______________________________

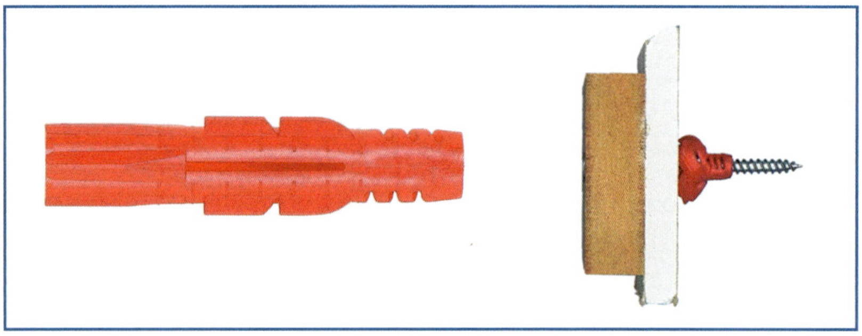

Verankerungsgrund	Eignung	Funktion

Beschreiben Sie hier, was „gut geeignet“ und „bedingt geeignet“ bedeuten kann.

____

____

____

____

____

____

____

b) Bezeichnung: ______________________________

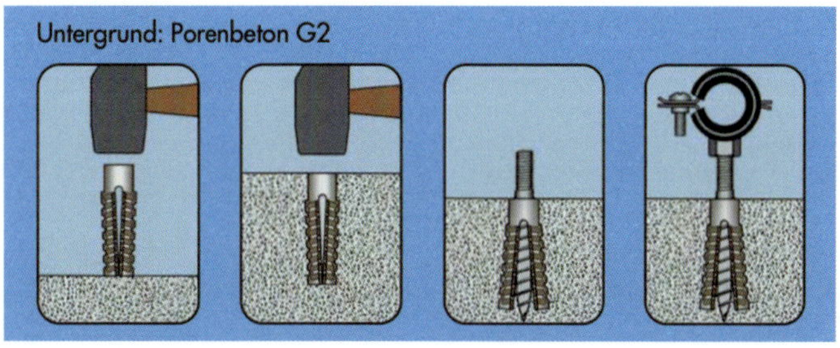

Verankerungsgrund	Eignung	Funktion

c) Bezeichnung: ______________________________

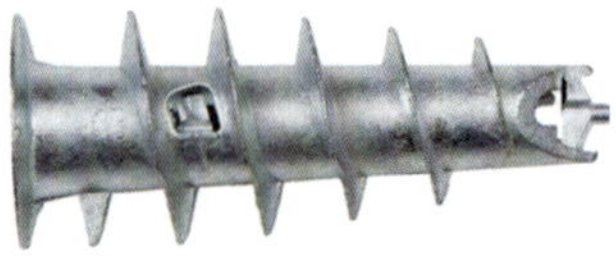

Verankerungsgrund	Eignung	Funktion

d) Bezeichnung: ______________________________

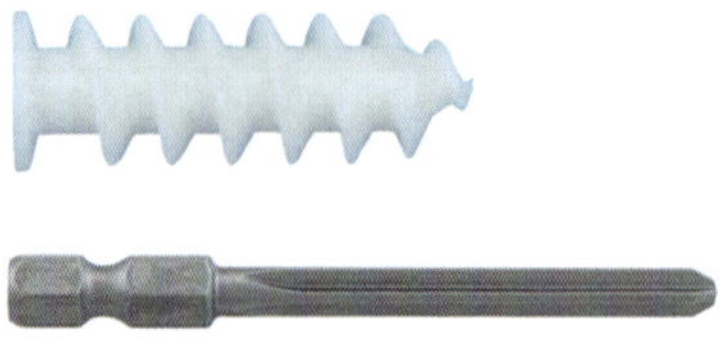

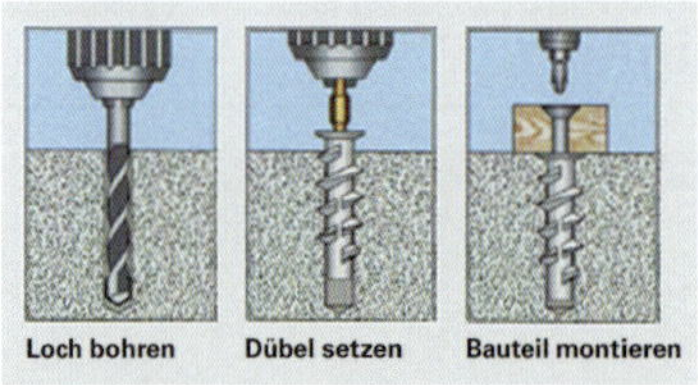

Verankerungsgrund	Eignung	Funktion

// Beanspruchung von Dübeln

Je nachdem, an welcher Stelle die Befestigung angebracht wird und wie das zu befestigende Objekt montiert wird, wirken Kräfte unterschiedlich. Insbesondere bei schweren Elementen muss vorher die Last berücksichtigt werden. Schränke oder Küchenmöbel bspw. verursachen große Lasten, die die Befestigung „ertragen" muss. Diese Lasten werden wir jetzt untersuchen.

Sie finden im Tabellenbuch eine Übersicht zur „Beanspruchung von Dübeln".

Tab-Buch

1. **Zugkraft:** Der Dübel wird in genau der Richtung der Bohrung belastet, z. B. eine Deckenlampe.
2. **Querkraft:** Der Dübel wird 90° zur Bohrung belastet, z. B. ein großer Spiegel, der an einer Schraube sehr nah an der Wand aufgehängt wird.
3. **Schrägzug:** Ein Objekt ist so groß, dass es einerseits 90° zur Bohrung (Querkraft) nach unten zieht, es anderseits durch seine relativ großen Wandabstand (Hebelarm) den Dübel „quer" zur Wand zieht. Die Last würde, wenn die Befestigung nicht stark genug ist, den Dübel oder die Schraube nach vorne diagonal aus der Wand ziehen.

Sie haben gelernt, dass drei verschiedene Arten von Beanspruchungen auf einen Dübel wirken können. Nennen Sie je zwei Beispiele für jede Beanspruchungsart mit Objekten oder Elementen aus Ihrem Beruf.

// Test: Dübel und Befestigung

LF2	Dübel und Befestigung	
Max. Punkte: 40	Erreichte Punkte:	Note:

a) Nennen Sie drei Aufgaben, die eine Rohrschelle erfüllen muss. [3]

b) Erläutern Sie den Effekt „Längenänderung" durch Temperaturänderung. [5]

c) Eine Warmwasserleitung von 120 m ist auf 15 °C abgekühlt und wird jetzt mit 60 °C Warmwasser in Betrieb genommen. Berechnen Sie die sich daraus ergebenden Längenänderungen von Kupfer, Stahl und Aluminium. [6]

d) Erläutern Sie den Unterschied zwischen Beton und Kalksandsteinen. [4]

e) Erläutern Sie die Vorteile von Wärmedämmziegeln gegenüber Natursteinen. [4]

f) Beschreiben Sie das Funktionsprinzip eines Allzweckdübels im Hohlraum. [9]

g) Beschreiben Sie die unterschiedlichen Beanspruchungen der Dübel anhand von Beispielen. [9]

Notenspiegel	1	2	3	4	5	6	ø
Anzahl							
Auswertung	mögl. Punkte		erreichte Punkte		%	Ihre Note	
	40						

// Bohrer: Metall, Holz und Mauerwerk

In der Befestigungstechnik ist das Herstellen von Bohrungen in verschiedene Materialien das maßgebliche Vorgehen. Dabei geht es fast immer darum einen Dübel zu setzen, um verschiedene Objekte durch Befestigungstechnik zu montieren.

// Brainstorming „Bohrer“:

Zeigen Sie drei unterschiedliche Vorgänge eines Befestigens von Objekten aus Ihrem Beruf, bei welchem gebohrt wird. Arbeiten Sie heraus, was Sie bohren, welchen Dübel Sie nutzen und wie das Objekt befestigt wird. Finden Sie je ein Beispiel, in dem in Holz, Metall und Stein- bzw. Mauerwerk gebohrt wird!

Skizzieren Sie hier abschließend die Spitzen der drei Bohrer für Holz, Mauerwerk und Metall.

Metall	Stein	Holz

// Metallbohrer

Fachbuch

Tab-Buch

Bearbeiten Sie folgende Arbeitsaufträge mit Hilfe des Fachbuches.

a) Beschreiben Sie den allgemeinen Bohrvorgang von Metall. Erläutern Sie dabei die Begriffe Vorschub, Körnen und Wärme beim Bohren.

b) Bennen Sie allgemeine Begriffe zum Spiralbohrer. Markieren Sie Begriffe der jeweiligen Elemente. Nutzen Sie Pfeile und Textfelder.

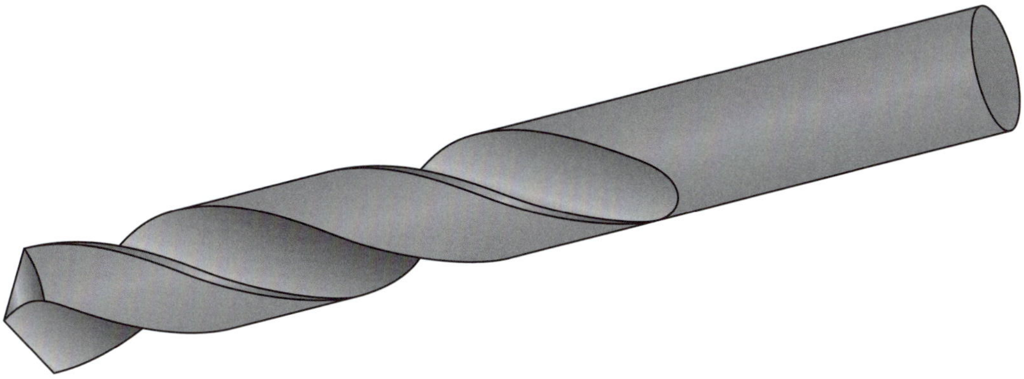

c) Schneidengeometrie: Ergänzen Sie den Winkel und das Maß in der Skizze für Typ N.

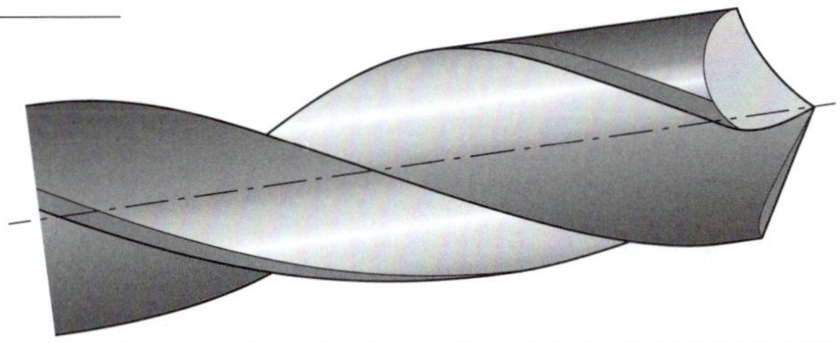

d) Welche Bohrerwerkstoffe werden für welche Materialien eingesetzt, die gebohrt werden sollen?

____

____

____

Tab-Buch

Fachbuch

e) Da sich das Schneidverhalten bei verschiedenen Metallen unterscheidet, werden für diese unterschiedliche Bohrertypen angeboten. Ergänzen Sie die Standardbohrerbezeichnungen.

Bezeichnung	Spanwinkel	Spitzwinkel	Anwendung
N			
H			
W			

f) Erläutern Sie, wie eine Bohrmaschine beim Bohren von Stahl verwendet wird.

____

____

____

____

g) **Zusatzaufgaben**

Schnittgeschwindigkeit und Bohrerauswahl: Wie in Aufgabe 6 beschrieben, kann eine Bohrung nur bei der richtigen Drehzahl gut hergestellt werden. Mit der Zeit bekommt man ein gewisses Gefühl für Druck und Drehzahl.

Über Diagramme kann die richtige Drehzahl für den entsprechenden Bohrerdurchmesser ermittelt werden.

Fachbuch

Die Schnittgeschwindigkeit wird aus Tabellen entnommen und richtet sich nach dem Werkstoff, der gebohrt werden soll (wird vom Hersteller angegeben).

Tab-Buch

Ermitteln Sie für einen 10er Bohrer die Drehzahl bei einer v_c = 30 m/ min.

Ermitteln Sie für einen 6er Bohrer die Drehzahl bei vc=22,5 m/ min.

Ermitteln Sie für einen 8er Bohrer die Drehzahl bei vc=15 m/ min.

Ein Bohrer mit 11 mm Durchmesser dreht mit 800 U/min. Berechnen Sie die Umfangsgeschwindigkeit des Bohrers.

Exkurs: Bohren von Steinen, Mauerwerk und Fliesen

Auf Ihren Baustellen wird deutlich mehr Stein als Stahl gebohrt. Stahl ist zwar deutlich schwieriger als ein Stein- oder Mauerwerk zu bohren. Trotzdem gibt es einiges über das Bohren mit Steinbohrer zu wissen.

Im Berufsalltag begegnen Ihnen viele verschiedene Kombinationen aus Verankerungsgrund, Art der Befestigung und verschiedenen Objekten. Es gibt verschiedene Arten von Stein und Mauerwerke und deshalb auch verschiedene Bohrer. Für den Exkurs betrachten wir beispielhaft drei Situationen aus dem Alltag:

1. Wanddurchbruch für Rohrleitungen inkl. Isolierung von etwa 50 mm,

2. Sanitärobjekte durch Fliesen befestigen,

3. Rohrschellen in verschiedenen Mauerarten befestigen.

// Beim Bohren gilt grundsätzlich:

- Von klein nach groß!

Wenn große Bohrungen in Mauerwerk oder Beton gebohrt werden müssen, geht das leichter und schneller, wenn mit einem kleineren Bohrer vorgebohrt wird. Der Bohrhammer hat eine bestimmte Kraft; je kleiner der Bohrer, desto mehr Druck kann auf die Bohrung gebracht werden. Zwei Durchgänge von klein nach groß gehen schneller als ein Durchgang mit dem großen Bohrer. Wenn Bohrkonsolen für Heizkörper gesetzt werden, bringt das Vorbohren mit einem 8 mm oder 10 mm mehr Genauigkeit, da ein 18er Bohrer beim Anfahren schneller verrutscht. Bei größeren Bohrern, bspw. Wanddurchbruch Ø56, verrutschen Sie noch schneller. Vorbohren fixiert das Anbohren, gibt die Richtung vor und spart Zeit.

- Bei Verwenden der Schlagfunktion die Maschine arbeiten lassen: Gut andrücken, aber nicht zu fest, die Maschine muss vibrieren können!
- Durchmesser beachten: Die Bohrergröße = Dübelgröße!

// Aufbau eines Steinbohrers

In Ihrem Beruf werden in der Regel Hammerbohrer verwendet, die eine sog. SDS-Aufnahme besitzen (**SDS – „S**pecial **D**irect **S**ystem"). Das SDS wird heute von sehr vielen Herstellern verwendet und ist eine Kombination von Nuten im Bohrerschaft und einer entsprechenden Aufnahme an der Bohrmaschine.

Der Hammerbohrer kann schnell gesteckt werden und in die Schlagbohrmaschinen eingesetzt werden. Außerdem kann sich dieser auch bei großen Kräften nicht lösen. Für große Stemmmaschinen gibt es SDS-Max, die für Meisel oder sehr große Bohrer.

Grundsätzlich ist der Steinbohrer dem Stahlbohrer sehr ähnlich. Es gibt einen Schaft als SDS oder glatt für Standard-Bohrfutter (bspw. Akkuschrauber), eine Wendel, um Bohrstaub aus dem Bohrloch zu fördern und eine Spitze, die den Abtrag am Mauerwerk vornimmt. Allerdings ist die Spitze eines Steinbohrers ganz anders aufgebaut als die Spitze eines Metallbohrers:

Bild 1: Hammerbohrer

- Der Schneidwinkel ist dem des Holzbohrers sehr ähnlich und beträgt fast 0°, bzw. 180°.
- Die Schneide selbst ist nicht aus dem Material des Bohrers. In die Spitze des Bohrers wird ein Hartmetallplättchen eingesetzt, meistens durch Hartlöten. Dieses Plättchen ist sehr hart. Wäre der gesamte Bohrer aus Hartmetall gefertigt, würde dieser schnell brechen, da Hartmetall zu hart und spröde ist. Es wird nicht nur gebohrt. Zusätzlich durch die Schlagfunktion wird der Bohrer durch Schläge belastet. Hartmetall ist ein spezielles Metall, welches genau für solche Anwendungen (hier als Bohrerspitze) entwickelt wurde.

// Verwendung und Aufbau eines Fliesenbohrers

Fliesen können beim Bohren sehr leicht springen. Insbesondere Natursteinfliesen wie Granit oder Marmor sind dafür besonders anfällig. Grundsätzlich können Fliesen mit einem Hammerbohrer gebohrt werden. Da bei der Verwendung eines solchen Bohrers die Gefahr einer gesprungen Fliese hoch ist, raten die Hersteller in den Herstellerunterlagen davon ab. Gerade bei fertigen Bädern ist eine gerissene Fliese ein Desaster. Der Austausch ist teuer und dauert lange. Außerdem muss ein solcher Schaden vom Verursacher bezahlt werden, in diesem Fall sind Sie das.

Bild 2: Fliesenbohrer

Es gibt spezielle Fliesenbohrer, die dafür deutlich besser geeignet sind und weniger Risiko mitbringen. Der Fliesenbohrer besteht aus einem Vierkantschaft, einem Schaft zur Spitze ohne Wendel und der Spitze. Die Spitze kann aus Hartmetall oder Industriediamanten bestehen. Das sehr harte Material kratzt sich über die scharfen Kanten der Spitze in das zu bohrende Material. Die scharfe Spitze ermöglicht es, den angezeichneten Punkt exakt zu treffen.

Der Fliesenbohrer funktioniert sehr gut in einem Akkuschrauber – deshalb wird der Schaft als Vierkant hergestellt. Das bietet einen besseren Halt im Bohrfutter als ein runder Schaft.

Generell gibt es Fliesenbohrer aber auch in vielen verschiedenen Ausführungen. Bei der Verwendung gibt der Hersteller diese Hinweise:

- Max. Drehzahl: Ø5 mm (800 min^{-1}), Ø6 und 8 mm (600 min^{-1}), Ø10 und 12 mm (400 min^{-1}), Ø14 mm (200 min^{-1}).
- Nicht geeignet zum Schlagbohren, nur drehend einsetzen.
- Optimaler Anpressdruck 35–45 kg.
- Es ist zu vermeiden, dass auf den Bohrer im Stillstand starker Anpressdruck ausgeübt wird ➔ Bruchgefahr!
- Zu geringer Anpressdruck und/oder zu hohe Bohrdrehzahl ➔ Vorzeitiges Lebensdauerende.
- Kipp- und Schwenkbewegungen während des Bohrvorganges sind zu vermeiden ➔ Bruchgefahr!
- Wir empfehlen Probelöcher zu bohren (idealerweise im Abfallmaterial der zu bohrenden Fliese).
- Bei Verwendung des Bohrers Ø14 mm muss mit zusätzlich beiliegendem Bohrer (8 mm) vorgebohrt werden.

Wenn die Bohrung durch die Fliese hergestellt ist, wird auf einen Steinbohrer gewechselt, um die Bohrung im Mauerwerk herzustellen. Der Fliesenbohrer ist nur für die Fliese selbst gedacht. Da dem Fliesenbohrer Schaft und Wendel fehlt, hält der Bohrer die Richtung sehr schlecht ein, Bohrstaub kann nicht abtransportiert werden und der recht teure Fliesenbohrer wird schneller stumpf.

Beschreiben Sie Bohrvorgänge anhand der drei Situationen von oben. Beziehen Sie die Informationen aus dem Text mit ein.

Sie werden beauftragt, einen Wanddurchbruch für Heizungsleitungen einer Etagen-Heizung durchzuführen. Mit Isolierung beträgt der Außendurchmesser der Rohrleitung 45 mm. Beschreiben Sie Ihre Durchführung für die Bohrungen.

Nachdem Sie die Rohmontage fertiggestellt haben und der Fliesenleger seine Arbeit auch beendet hat, kommen Sie zur Fertigmontage zum Kunden. Sie sollen auch Handtuchhalter, Seifenschalen und Duschablagen befestigen. Allen Badobjekten sind 6er Edelstahlschrauben mitgeliefert. Verankerungsgrund ist Kalksandstein. Beschreiben Sie Ihr Vorgehen bei der Herstellung der Dübellöcher.

Im Keller eines Einfamilienhauses sollen vom Hausanschlussraum zu den Schächten der Steigestränge Rohre an der Decke verlegt werden. Der Verankerungsgrund ist Stahlbeton. Ihr Geselle hat die Bohrlöcher für die Rohrschellen angezeichnet, wie gehen Sie beim Bohren der Dübellöcher vor?

// Test Bohrer – Metall, Mauerwerk und Fliesen

LF2	Bohrer – Metall, Mauerwerk und Fliesen	
Max. Punkte: 30	Erreichte Punkte:	Note:

a) Nennen Sie drei verschiedene Bohrer aus Ihrer Werkzeugkiste. [3]

b) Erläutern Sie genauer, welche Materialien aus unserem Beruf, mit welchem der drei Bohrer für welche Arbeit gebohrt werden. Nennen Sie jeweils ein Beispiel. [6]

c) Zeichnen Sie einen Stahlbohrer und benennen Sie die wichtigsten Elemente des Bohrers! [5]

d) Beschreiben Sie den Vorgang des „Körnens" und die Gründe, warum beim Stahl- oder Fliesenbohren gekörnt werden sollte. [2]

e) Erläutern Sie die Bezeichnungen N, H und W bei Bohrern. [6]

f) Arbeiten Sie heraus, was die größten Unterschiede zwischen Metall-, Stein- und Holzbohrern sind. [5]

g) Beschreiben Sie abschließend den gesamten Vorgang des Bohrens von Metall anhand eines von Ihnen gewählten Bauteils. [3]

Beantworten Sie folgende Fragen:	**Ja**	**Nein**
Je spitzer der Bohrer desto besser bohrt der Bohrer weiche Materialien!		
Je kleiner der Bohrer, desto höher die Drehzahl!		
Je härter der Stahl, desto Spitzer der Winkel der Spitze!		

Notenspiegel	1	2	3	4	5	6	ø
Anzahl							
Auswertung	mögl. Punkte		erreichte Punkte		%	Ihre Note	
	30						

2.5 Befestigung der Rohrleitung im Hauswirtschaftsraum

Jetzt haben Sie ein gutes Wissen über die Befestigungstechnik im Anlagenbau. Sie kennen die Eigenschaften von

- Verankerungsgründen & Werkstoffen,
- Bohrerarten und Bohren,
- Dübelarten und
- Belastungsraten.

Bild 1: Beispiel Hauswirtschaftsraum

// Planung der Befestigung: Werkzeug und Material

Für die Befestigung der Rohrleitungen werden 80 mm Stockschrauben M8. verwendet.

Aus optischen Gründen wird das Bohrloch mit einer Unterlegscheibe abgedeckt und mit einer Mutter M8 fixiert.

Dem Ausgussbecken liegen zwei Schlüsselkopfschrauben 6x60 mm mit Unterlegscheiben aus Edelstahl bei.

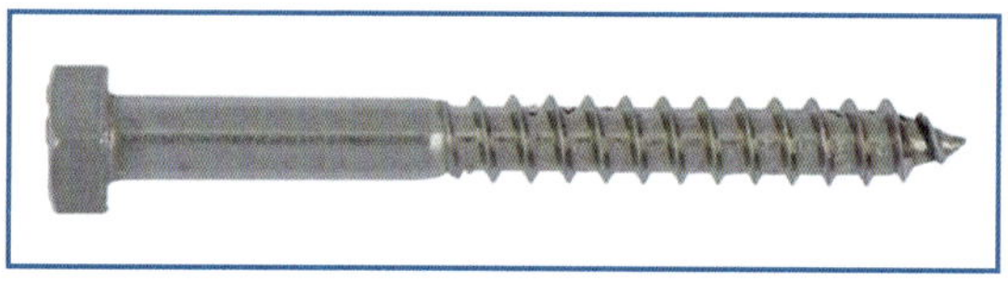

Bild 2: Schlüsselkopfschraube Edelstahl

Auf der nächsten Seite finden Sie eine Tabelle, die die Kombinationen zwischen Mauerwerk und Befestigungsobjekt zeigt.

Erarbeiten Sie mithilfe der Tabelle Lösungen zur Befestigung der Objekte. Notieren Sie in den freien Feldern:

- Verwendung des Bohrers: Bohrerart und Durchmesser,
- Auswahl des Dübels: Art des Dübels und Durchmesser
- Wenn Sie mehrere Lösungen sehen, notieren Sie gerne alle.
- Vielleicht benötigen Sie weiteres Werkzeug und/oder Hilfsmittel!? Bitte notieren!
- Orientieren Sie sich am Arbeitsauftrag „Dübel Auswahl richtiger Dübel für einen Verankerungsgrund" und dem Fachbuch!

Fachbuch

Werkzeugwahl: Rohrschelle / Ausgussbecken			Arbeitsplan
	Bohrung	Dübel	
Beton			
Porenbeton bzw. Leichtbeton			
Hohlraumziegel			
Rigips			

// Stand der Planung (Kann-Liste)

Sie haben schon viel geschafft! Da kann man schnell den Überblick verlieren.

Für Kontrolle und Überblick erstellen Sie hier eine Checkliste. Notieren Sie in Stichpunkten, welche Tätigkeiten Sie ausgeführt haben, um die geforderten Arbeitsaufträge erfolgreich abzuschließen:

Bezeichnung des Auftrags	Tätigkeiten	Check ✓
Grundrissplanung		❑
Zeichnung Vorderansicht		❑
Stück- und Werkzeugliste		❑
Zeichnung Rohrschelle		❑
Funktionen einer Gleitschelle		❑
Längenausdehnung Beschreiben und Berechnen		❑
Rohre befestigen: Mauerwerk und Verankerungsgrund		❑
Auswahl richtiger Dübel		❑
Beanspruchung von Dübel		❑
Brainstorming Bohrer		❑
Metallbohrer		❑
Exkurs Hammerbohrer		❑
Planung der Befestigung der Rohrschellen und dem Ausgussbecken		❑

3. Rohrverbindungen herstellen

Sie haben bis hierhin alles vorbereitet, um die Installation fertigzustellen. Alle Rohrschellen sind gesetzt, die Anschlüsse angezeichnet, Werkzeug und Material liegt bereit.

Ihr Geselle übernimmt dabei die Installationsarbeit und Sie assistieren beim Zuschneiden von Rohren und beim Pressen der Leitung. Schauen wir uns das Herstellen von Rohrverbindungen genauer an.

3.1 Rohrverbindungen mit Maschinen herstellen

Es gibt sehr viele verschiedene Rohrsysteme auf dem Markt.

Unter Rohrsystem wird das Zusammenspiel vom Rohr selbst, die Formteile (auch Fittings genannt, aus dem Englischen „to fit – passend") und die Technik, wie die Formteile mit dem Rohrverbunden werden (z. B. Pressen) verstanden.

Nicht nur deutsche Hersteller bieten verschiedene Systeme an, auch Systeme aus der Schweiz, Österreich, Frankreich oder Dänemark bieten unterschiedlichste Konzepte in Deutschland an. Und alle haben eine bestimmte Idee.

Grundsätzlich gibt es kein „bestes Rohrsystem". Es gibt nur ein bestes Rohrsystem für einen speziellen Anwendungsfall.

Die Hersteller schauen sich alle den Markt sehr genau an und überlegen, für welchen Bereich eine besondere Lösung angeboten werden soll. Hersteller haben dabei mindestens drei Eigenschaften im Blick:

1. **Einsatzbereich**: Trinkwasser, Heizung, Abwasser, Klimaanlage. Es gibt viele Bereiche und alle haben ihre speziellen Eigenschaften. Rohrsysteme für Trinkwasser auf einer Rohbaustelle brauchen andere Eigenschaften als ein Rohrsystem in der Altbausanierung oder für Großbaustellen. Aus dem Einsatzbereich ergeben sich verschiedene Vor- und Nachteile, die ein Rohrsystem braucht, um genau in diesem Einsatzbereich besonders gut zu sein.
2. **Geschwindigkeit beim Verlegen:** Der Stundenlohn ist ein großer Kostenfaktor für das Angebot. Geben zwei Betriebe ein Angebot ab, bekommt oft das Günstigere den Zuschlag. Wenn ein Rohrsystem schneller verlegt werden kann und somit weniger Monteurstunden anfallen, kann günstiger angeboten werden, obwohl das Rohrsystem vielleicht sogar teurer bei den Materialkosten ist.

3. **Das führt zu den Kosten:** Für welchen Preis kann das Rohrsystem angeboten werden? Ist das System generell zu teuer, hat es keine Chance, auf dem Markt gegen andere Anbieter zu bestehen. Sehr teuere Systeme haben deshalb oft einen entscheidenden Vorteil gegenüber günstigeren Systemen, die Sie auf den ersten Blick nicht erkennen:
   - Vielleicht ist das System besonders hygienisch?
   - Oder schnell zu verlegen?
   - Oder die Rohrverbindungen können nach der Installation durch Überwurfmuttern gelöst und wiederverwendet werden?
   - Oder das System ist ein Schlauchsystem, was in Ständerwänden (Rigipsplatten) gelegt werden kann und keine Befestigung braucht (schnell)?

Sie sehen, es gibt sehr viele Faktoren, die zur Wahl eines Rohrsystems führen. Natürlich kommt auch noch ein letzter **Faktor** dazu: Die **Gewohnheit** (Wir haben schon immer dieses Rohr verlegt!) und die **Optik.** Tatsächlich hört man immer wieder von Betrieben, dass Kunden auf Kupfer oder Edelstahl bestehen, weil Metallrohre für manche im sichtbaren Bereich besser aussehen als Kunststoffrohre.

Entwässerungsleitungen (Abwasser) sind weniger speziell, da die Ansprüche an Dichtigkeit und Hygiene viel geringer sind als bei der Trinkwasser- oder Heizungsinstallation. Bei Entwässerungssystemen spielt der **Schallschutz** die größte Bedeutung. Im Lernfeld 6 lernen Sie mehr darüber.

// Brainstorming: Rohrsysteme

Listen Sie die Rohrsysteme auf, die Sie in Ihrem Betrieb für die Trinkwasser- und Heizungsinstallation verwenden. Notieren Sie, mit welchem Werkzeug oder Maschine die Rohrverbindung hergestellt wird.

Rohrsystem Trinkwasser	Rohrsystem Heizung
Werkzeug/ Maschine zur Verbindung	**Werkzeug/ Maschine zur Verbindung**

// Eine Rohrverbindung herstellen

Sie haben sicher schon einige Rohrverbindungen hergestellt. Ihre Gesellen werden Ihnen Schritt für Schritt erklärt haben, wie die Rohrverbindung korrekt und fachmännisch hergestellt wird (vom Anzeichnen bis zur Kontrolle).

- **Wählen Sie aus Ihrer Liste der Rohrsysteme das System aus, welches Sie am besten kennen.**
- **Schreiben Sie einen Arbeitsplan, wie Sie eine Rohrverbindung herstellen. Beschreiben Sie Ihre Schritte so genau wie möglich, lassen Sie keinen Schritt aus.**

Schritt:	Exemplarisch für Kupfer:	Exemplarisch für Mepla:
1		
2		
3		
4		
5		
6		
7		
8		
9		
10		

3.2 Rohrverbindung und Formteile

Durch Formteile (umgangssprachlich Fittings) aller Art werden Richtungsänderungen und Abzweige hergestellt. Sie kennen die allermeisten Fittings schon:

- 90°-Bogen,
- 45°-Bogen,
- T-Stücke,
- Kupplungen,
- Übergänge oder Reduzierungen.

Neben diesen Fittings gibt es auch Rohrelemente (z. B. Ventile), die direkt verbunden werden können, ohne Rohrübergänge, Übergangsmuffen oder Übergangsnippel.

Sie sehen eine gepresste Verbindung zwischen einem Edelstahlrohr und einer Kupplung aus Messing. Was Sie sonst im Alltag nicht können, wird durch die Schnittdarstellung der Verbindung sichtbar.

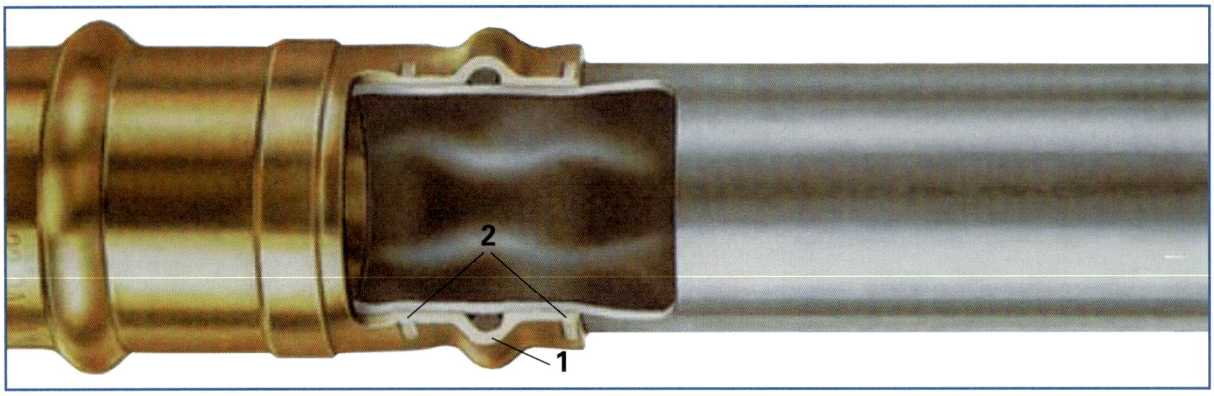

Bild 1: Edelstahl-Messing-Kupplung

// Die Rohrverbindung wird durch zwei Teile hergestellt:

1. **Druckfestigkeit** herstellen durch Verformung, Kleben, Schweißen oder Klemmen des Rohres und des Fittings. Das verhindert, dass das Rohr bei Leitungsdruck aus dem Fitting gedrückt wird.
2. **Dichtigkeit herstellen**: Durch die Kräfte zwischen Rohr und Fitting wird die Verbindung dicht. Es kann ein Dichtring zwischen Rohr und Fitting genutzt werden **(siehe Bild)**. Es gibt aber auch Systeme, die allein durch das Material von Rohr und Fitting dicht verpresst werden, ohne jegliche Hilfsmittel.

Grundsätzlich wird jede Rohrverbindungen, die gepresst wird, durch diese zwei Prinzipien hergestellt.

Allerdings unterscheiden sich die Techniken, wie die Druckfestigkeit und die Dichtigkeit hergestellt werden von Hersteller zu Hersteller. Das schauen wir uns gleich an. Zuerst noch ein genauerer Blick auf die Prinzipien der Technik.

3.3 Druckfestigkeit: Die Technik hinter der Verbindungs- technik

Um Rohrverbindungen dicht und fest zu bekommen,so dass die Rohrleitung hohe Drücke aushalten kann, ohne auseinanderzufliegen, nutzen die Hersteller einige Techniken. Welche sind das? Zwei Grundlegende lernen Sie hier kennen.

// Verbindungsarten: Form-, Kraft- und Stoffschluss

Wie beschrieben, kann die Druckfestigkeit, damit die Rohre bei Leitungsdruck nicht auseinanderfliegen, durch verschiedene Verfahren hergestellt werden. Ganz allgemein können diese Verfahren in drei Arten unterteilt werden:

- **Stoffschlüssig**
  Hier ist die Verbindung durch den eigenen Zusatzstoff oder einen fremden Zusatzstoff hergestellt. Durch das Schweißen wird der eigene Zusatzstoff geschmolzen, welcher somit die Elemente verbindet. Fremde Zusatzstoffe sind Klebstoffe. Stoffschlüssige Verbindungen können nur durch Zerstörung gelöst werden.

- **Formschlüssig**
  Fitting und Rohr besitzen ein Element, dass sie verbindet. Hiermit sind alle Schrauben und Schraubverbindungen gemeint. Ein weiteres Beispiel aus Ihrer Arbeit ist die Anhängerkupplung. Die Anhängerkupplung ist so geformt, dass die Aufnahme die Kupplung umgreifen kann. Formschlüssige Verbindungen können immer zerstörungsfrei gelöst werden.

- **Kraftschlüssig**
  Im Kraftschluss werden zwei Elemente so verformt, dass Sie durch die Form selbst und/oder der Reibung eine feste Verbindung herstellen. Bei Ihnen sind das alle Pressverbindungen. Wie auf Seite 99 in Bild 1 zu sehen, ist die neue Form von Rohr und Fitting so „verkeilt", dass die Verbindung unlösbar ist. Nur durch Zerstörung kann ein Kraftschluss gelöst werden.

// Stoffschluss

Vor einigen Jahren wurden viele Rohrverbindungen mittels Stoffschluss hergestellt. Kupferrohre wurden gelötet. Hierzu gibt es die Verfahren Weichlöten und Hartlöten. Beide Techniken werden in der Praxis nicht mehr genutzt.

Einige wenige aktuelle Rohrsysteme werden aber immer noch stoffschlüssig hergestellt. Mehr dazu erfahren Sie in einem späteren Kapitel.

// Form- und Kraftschluss: Axial und radial verpressen

Fachbuch

Um die Verbindungsarten Form- und Kraftschluss technisch umzusetzen, verwenden Hersteller Maschinen, die mithilfe von Backen oder Zangen das Rohr so verformen und einen Fitting so manipulieren, dass die Verbindung dicht und fest wird. Entweder es wird dabei radial oder axial verpresst.

Axial bedeutet, der Pressvorgang erfolgt entlang der Achse des Rohres. Die Achse eines Rohres verläuft genau in der Mitte des Durchmessers der Rohrlänge entlang.

Radial heißt, dem Radius entlang (um das Rohr herum).

Die vielen Hersteller haben verschiedene Maschinen entwickelt, um Rohre radial oder axial zu pressen. Je eine Presse für das jeweilige Verfahren sehen Sie hier: Welche Maschine presst axial und welche radial?

____________________ ____________________

// Arbeitsauftrag: Rohrverbindungen analysieren

Recherchieren Sie mithilfe des Fachbuches und dem Internet, welche Art der Verbindung verwendet wird, um die Druckfestigkeit herzustellen.

Fachbuch

Der Auftrag kann als Gruppenarbeit durchgeführt werden. Eine Gruppe bearbeitet je ein Rohrsystem und stellt es als kurzen Input den Kollegen/-innen in der Klasse vor.

Der Auftrag kann aber auch als Einzelarbeit durchgeführt werden. Jeder arbeitet alle Rohrsysteme durch.

Untersuchen Sie die Systeme: Mepla (Geberit), Rautitan (Rehau), Sanpress INOX (Viega), aquatherm green pipe und Sanipex MT! Nutzen Sie dazu die (Kopiervorlage auf der nächsten Seite).

Untersuchen Sie folgende Kriterien zum Auftrag:

a) Mit welcher Verbindungsart wird die Druckfestigkeit hergestellt?
- Form des Fittings oder der Presse
- Hilfsmittel oder Bauteile
- Aufbau oder Eigenschaften des Rohrs

b) Mit welchen Mitteln wird die Dichtigkeit hergestellt?
- Zeigen Sie die Elemente der Rohrverbindung, die die Verbindung dicht macht.

c) Notieren Sie, ob die Verbindung durch eine axiale oder radiale Pressung realisiert wird.

d) Erläutern Sie, wie die Rohrverbindung hergestellt wird. Notieren Sie alle Arbeitsschritte.

Im oberen Teil sehen Sie Bilder von den Herstellern direkt. Darunter finden Sie ein Freifeld.

Arbeiten Sie die Stichpunkte an den Abbildungen ab und notieren Sie Ihre Ergebnisse sauber im Freifeld.

Nutzen Sie bei offenen Fragen das Internet. Besuchen Sie dabei möglichst die Seiten der Hersteller selbst, dort findet Sie zuverlässig Informationen.

Fachbuch

Geberit Mepla

Fachbuch

aquatherm green pipe, Aquatherm

Fachbuch

Rautitan, Rehau

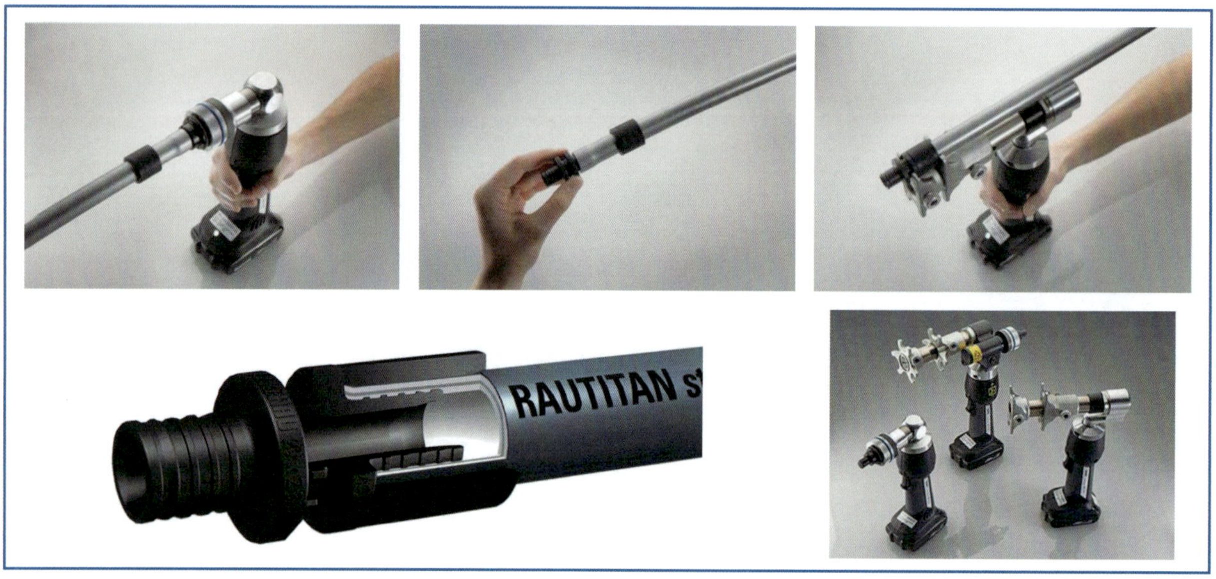

Fachbuch

Edelstahl Press Viega Sanpress INOX

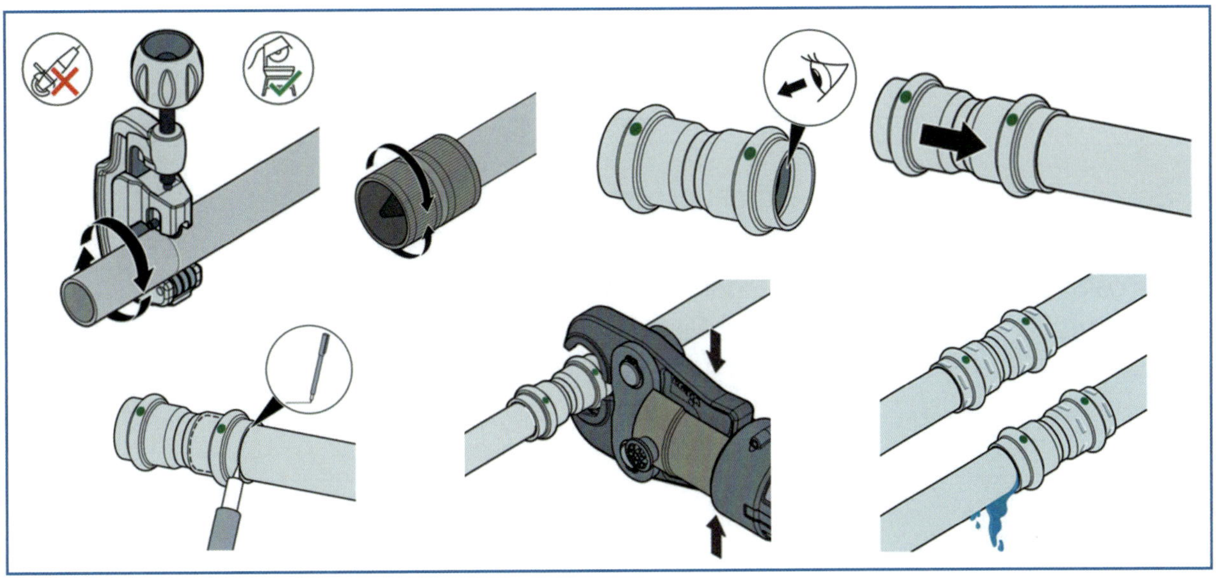

// Test: Rohrverbindungen mit Maschinen herstellen

LF2	Rohrverbindungen mit Maschinen herstellen	
Max. Punkte: 30	Erreichte Punkte:	Note:

a) Beschreiben Sie mindestens drei Vor- und Nachteile von Rohrsystemen, die die Eigenschaften eines Rohrsystems ausmachen. Beschreiben Sie ein Beispiel, wie sich diese Vor- und Nachteile ergänzen können. [3]

b) Sie haben in der ersten Aufgabe Vor- und Nachteile beschrieben. Auf bestimmte Rohrsysteme treffen diese Vor- und Nachteile besonders zu. Nennen Sie je ein Rohrsystem, auf das ein Vor- oder Nachteil besonders zutrifft. [3]

c) Erläutern Sie die Begriffe „Druckfestigkeit" und „Dichtigkeit" bezüglich Rohrverbindungen. [2]

d) Erläutern Sie die drei grundlegenden Verbindungsarten, wie sie bei Rohrverbindungen vorkommen. [6]

e) Erläutern Sie die beiden Methoden für die Herstellung von Pressverbindungen (Pressmaschinen). [6]

f) Analysieren Sie eine Rohrverbindung. Wählen Sie frei ein Rohrsystem aus der letzten Aufgabe. Zeigen Sie, wie die Technik der Verbindungsart zum Verpressen funktioniert. Notieren Sie den Arbeitsablauf für die gesamten Vorgang der Rohrverbindung. [10]

Notenspiegel	1	2	3	4	5	6	ø
Anzahl							
Auswertung	mögl. Punkte		erreichte Punkte		%	Ihre Note	
	30						

4. Kostenleistungsrechnung

Bevor Sie lernen, wie ein Angebot geschrieben wird, überprüfen Sie den Stand Ihrer Arbeit: Wo stehen Sie jetzt? (Checken Sie Ihre Arbeitsprodukte)

An dieser Stelle haben Sie Ihren Arbeitsauftrag auf der Baustelle bereits erledigt:

- ❏ Sie haben Ihre Arbeit zeichnerisch geplant: Bauplan und Vorderansicht.
- ❏ Sie haben einiges über Befestigungstechnik gelernt und sich erarbeitet, wie Rohrverbindungen in verschiedenen Verankerungsgründen hergestellt werden.
- ❏ Sie wissen, welche Bohrer für welche Anwendung am besten funktionieren.
- ❏ Sie können Rohrverbindungen bis ins Detail analysieren und die Physik hinter der Technik erläutern.

Bravo! Aber am Ende müssen die durchgeführten Arbeiten bezahlt werden. Es muss ein Angebot geschrieben werden. Dieses muss vor der Durchführung der Arbeiten geschrieben und vom Kunden angenommen werden. Auf der Grundlage des Angebotes wird nach Fertigstellung der Arbeiten eine Rechnung geschrieben. Und das ist nicht mal schnell erledigt.

Wenn Ihr Ausbildungsbetrieb ein Angebot schreiben würde, das die Kosten für das Material und die Arbeitsstunden für Sie und Ihren/ Ihre Kollegen/-in enthält, würde der Betrieb bald insolvent gehen. Denn neben Material und Monteurstunden gibt es viele weitere Kosten in einem Unternehmen, die nicht allein auf einen Kunden berechnet werden können, die also nicht am Material oder an den Monteurstunden beteiligt sind.

// Brainstorming: Kosten im Unternehmen

Listen Sie Posten auf, von denen Sie aus Ihrem Unternehmen wissen, dass diese Kosten verursachen, die nicht spezifisch auf einen Kunden geschrieben werden können:

Sie sehen, es gibt Kosten, die ständig vorhanden sind, aber nicht auf einen bestimmten Kunden berechnet werden können. Ein gutes Beispiel ist eine Bürokraft. Sie nimmt z. B. Telefonate an, macht Kundentermine aus, erledigt Ablage und Steueranliegen, kümmert sich um Rechnungen und Mahnungen. Das Gehalt der Bürokraft muss auf alle Kunden gerecht umgelegt werden, da diese für alle arbeitet und nicht wie der Monteur, der für die Zeit auf der Baustelle auch nur für den einen Kunden da ist. Wenn Sie jetzt noch einmal in Ihre Kosten-Liste schauen, bekommen Sie eine Ahnung, dass Sie schon an vieles denken müssen, um ein Angebot zu schreiben, das korrekt ist. Korrekt heißt hier:

Das Angebot, die Rechnung, muss alle Kosten abdecken und einen Gewinn für das Unternehmen abwerfen. Der Betrieb darf nicht auf Kosten sitzen bleiben.

Das Angebot, die Rechnung, darf nicht zu teuer sein. Das ist zum einen nicht ehrlich und auch nicht ganz legal. Zum anderen gibt es auch Konkurrenz, die ein korrektes Angebot abgibt, welches günstiger ist und somit den Auftrag erhält.

Bevor Sie beginnen, alle Kosten für Ihren Auftrag zu ermitteln und lernen, wie das Angebot berechnet wird, brauchen Sie eine Stückliste, Materialpreise und Arbeitsaufwände.

// Material und Materialkosten kalkulieren

Greifen Sie auf bestehende Unterlagen zurück und schreiben Sie eine Stückliste (Seite 112). Listen Sie alles an Material auf, welches Sie bei der Herstellung der Kaltwasserleitung für den Hauswirtschaftsraum benötigen. Die Preise finden Sie in der untenstehenden Tabelle.

Auszug Materialkosten Großhändler für die Kaltwasserleitung

Bezeichnung	Maß	Preis	Bezeichnung	Maß	Preis
Dübel	10 mm	0,4 €/St.	T-Stück	DN20	7,5 €/St.
Stockschraube	M8,140 mm	1 €/St.	Übergangsmuffe	DN20-½"	3,7 €/St.
Rohrschelle	20–23 mm	6 €/St.	Übergangsmuffe	DN20-¾"	4,1 €/St.
Rohr	DN20	1,98 €/m	Auslaufventil	½"	20,5 €/St.
Bogen	DN20	4,49 €/St.	Auslaufventil	¾"	26,5 €/St.
			Ausgussbecken	51x34 cm	65,50 €/St.

Pos.	Menge	Maße	Bezeichnung	€/Stück	Kostenpunkt
1					
2					
3					
4					
5					
6					
7					
8					
9					
10					
11					
12					

Mit den Materialkosten beginnt Ihre Kalkulation.

Notieren Sie noch mal hier die

Gesamtkosten des Materials: ____________________€

// Arbeitsaufwand bestimmen

Der nächste Kostenpunkt, mit dem Sie direkt verbunden sind, sind Ihre Arbeitsstunden und die Ihrer Kollegen/-innen.

Überlegen Sie auf Basis Ihrer praktischen Erfahrungen, wie lange Sie und Ihr Geselle für die Installation der Kaltwasserleitung benötigen werden. Diskutieren Sie mit der ganzen Klasse und legen Sie eine Stundenanzahl fest, mit der alle rechnen werden.

Wir kalkulieren die Monteurstunde mit 82,16 €/Stunde und die Azubistunde wird mit 64€/Stunde abgerechnet. Berechnen Sie anhand der Anzahl der Stunden den gesamten Stundenlohn.

Geselle: ______________________________

Azubi: ______________________________

Gesamtbetrag Stundenlöhne: ______________________________

// Kostenleistungsrechnung im Detail: Alle anderen Kosten und Kalkulation

Die direkten Kosten am Kunden haben Sie bereits erhoben: Material und Arbeitsstunden.

Jetzt erkunden Sie Ihr Unternehmen und lernen, welche Kosten wie genannt werden und wie diese kalkuliert werden. Dazu gibt es folgende Tabelle:

Kostenträgerrechnung/Zuschlagskalkulation

Posten	%	Menge	Einzelpreis	Gesamt
Materialeinzelkosten				100,00 €
+ Materialgemeinkosten	15%			15,00 €
= Materialkosten				**115,00 €**
+ Fertigungslöhne		1	82,16 €	82,16 €
+ Fertigungsgemeinkosten	160%			131,46 €
= Fertigungskosten				**213,62 €**
= Herstellungskosten				**328,62 €**
+ Vertriebsgemeinkosten	46%			151,16 €
= Selbstkosten				**479,78 €**
+ Gewinnzuschlag	5%			23,99 €
= Barverkaufspreis				**503,77 €**
+ Skonti, Provisionen	3%			15,11 €
Zielverkaufspreis				518,88 €
+ Rabatte				0,00 €
= Nettoangebotspreis				**518,88 €**
+ Mehrwertsteuer	19%			98,59 €
= Bruttoangebotspreis				**617,47 €**

Die Tabelle zeigt sowohl alle Kostenpunkte als wie die Berechnung der Punkte. Allerdings lesen Sie dort Begriffe wahrscheinlich zum ersten Mal. Welche Kosten damit gemeint sind, erklärt Ihnen das Fachbuch.

Nutzen Sie Fachbuch und Tabellenbuch und arbeiten Sie heraus, welche Kosten für die Posten stehen, die in „Tabelle 1: Formular Kostenträgerrechnung" aufgeführt sind. Nennen Sie dazu mindestens drei Beispiele aus Ihrem Unternehmen.

Mit Tabelle 1 haben Sie bereits eine Vorlage, wie die Kosten zusammengerechnet werden, vorliegen. Für das Verständnis: Materialeinzelkosten von 100 € und einer Monteurstunde. Nutzen Sie die Vorlage als Berechnungshilfe für Ihren Auftrag.

Tragen Sie Ihre Materialeinzelkosten und Stundenlöhne ein und kalkulieren Sie den Angebotspreis für Familie Aysel. Übernehmen Sie die Prozentsätze der Gemeinkosten, Skonto, Rabatt und Gewinn aus der Vorlage.

Fachbuch

Kostenträgerrechnung/Zuschlagskalkulation

Posten	%	Menge	Einzelpreis	Gesamt
Materialeinzelkosten				
+ Materialgemeinkosten				
= Materialkosten				
+ Fertigungslöhne				
+ Fertigungsgemeinkosten	170 %			
= Fertigungskosten				
= Herstellungskosten				
+ Vertriebsgemeinkosten				
= Selbstkosten				
+ Gewinnzuschlag	4 %			
= Barverkaufspreis				
+ Skonti, Provisionen	3 %			
Zielverkaufspreis				
+ Rabatte				
= Nettoangebotspreis				
+ Mehrwertsteuer	19 %			
= Bruttoangebotspreis				

// Projektabschluss und Reflektion

Gratulation, das Projekt ist fertig!

Sie haben von der Planung auf dem Bauplan über die Befestigung und der Herstellung der Kaltwasserleitung bis zur Kalkulation des Angebotes und der Rechnung für den Kunden den Auftrag komplett fertiggestellt. Bravo!

Als Abschlussgespräch beantworten Sie bitte folgende Fragen, um über das Gelernte noch mal zu sprechen.

- Was hat Sie am meisten interessiert?
- Welche Inhalte kannten Sie vor dem Auftrag noch nicht?
- Welche Arbeitsaufträge sind Ihnen besonders schwergefallen?
- Welche Arbeitsaufträge fielen Ihnen besonders leicht?
- Was werden Sie mit in die Praxis nehmen? Gibt es etwas, was sie jetzt anders machen als vorher?
- Welches Rohrsystem würden Sie am ehesten für Ihre Baustellen verwenden? Begründen Sie Ihre Wahl!
- Welche Arbeitsaufträge würden Sie gerne noch einmal bearbeiten, weil Sie noch nicht fertig wurden oder etwas noch nicht ganz verstanden haben?
- Welche Arbeit, die Sie hier kennengelernt haben, halten Sie für die Wichtigsten? Aus Sicht des Kunden, technisch oder für Sie persönlich.

Arbeitsheft SHK – Lernfeld 3

Baugruppen herstellen und montieren

Sie sollten jetzt im zweiten Halbjahr des erstens Ausbildungsjahres sein und haben mittlerweile mehr als sechs Monate Berufserfahrung. Vielleicht haben Ihre Gesellen Ihnen schon verantwortungsvolle Aufgaben übertragen? Konnten Sie Inhalte aus den ersten beiden Lernfeldern anwenden?

In diesem Lernfeld lernen Sie einen Rohrverlauf zu planen, herzustellen und zu montieren.

Das heißt, hier fließen Inhalte aus den ersten beiden Lernfeldern mit neuen Inhalten zusammen. Deshalb werden Sie Wiederholungen erleben. Zum einen, um die Inhalte zu festigen, zum anderen, weil bestimmte Handgriffe in unserem Beruf „Standard“ sind.

Als Erstes planen und montieren Sie eine Zuleitung für ein Ausgussbecken im Kesselhaus **(Bild 1)**.

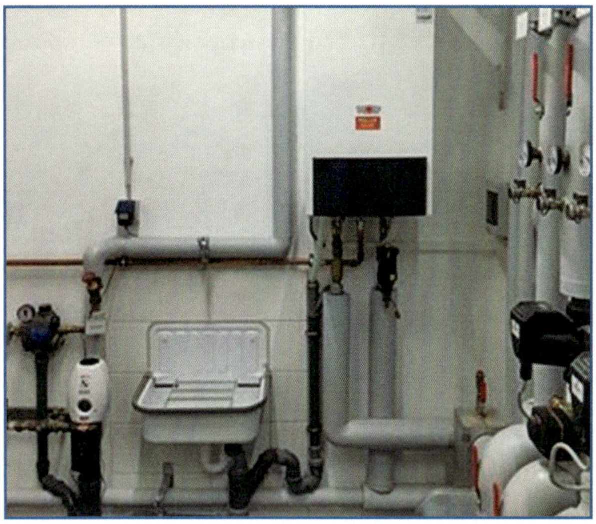

In diesem Projekt lernen Sie eine neue, sehr zentrale Technik kennen, um Rohrleitungen darzustellen: Die Isometrie! Grob gesagt können wir mittels Isometrie Körper, Rohrleitungen oder Zeichnungselemente in **„3D“** darstellen.

Für das Aufmaß und die spätere Kostenberechnung (siehe LF2) ermitteln wir Rohrstrecken durch die **Z-Maß-Methode.**

1. Isometrische Darstellung von Rohrleitungen

Darstellung heißt zunächst einmal, dass gezeichnet wird. Dass es nicht nur Zeichnung, sondern Darstellung heißt, liegt daran, dass in unserem Beruf Zeichnungen auch beschriftet und mit weiteren Informationen versehen werden.

// Darstellung = Zeichnung + Informationen

Isometrisch heißt nichts anderes, als dass die Zeichnung in alle Richtungen gleich lang gezeichnet wird, denn wir zeichnen Rohrleitungen hier dreidimensional.

In Kapitel 1 haben wir Zeichnungen in Normalprojektion erstellt, diese waren **zweidimensional**. Für die Darstellung von Rohrverläufen, bspw. für Heizungskreisverteiler oder komplexe Hausanschlüsse brauchen wir unbedingt eine räumliche Darstellung.

Durch eine isometrische Darstellung können Rohrleitungen und Elemente von Rohrleitungen räumlich dargestellt werden. Das heißt, der Verlauf einer Rohrleitung kann in alle Richtungen im Raum dargestellt werden.

Die Normalprojektion kann im Gegensatz zur Isometrie nur Rohrverläufe in der Ebene darstellen **(links ↔ rechts** und **oben ↔ unten).** Des Weiteren kann die Normal-projektion nur in „2D" abbilden **(Bild 1).**

Verläufe zu einem hin (nach vorne) oder von einem weg (nach hinten) **– also die dritte Dimension –** können nicht gezeigt werden.

In Fehler! Verweisquelle konnte nicht gefunden werden. 1 können Sie **alle Richtungen** der Verläufe sehen:

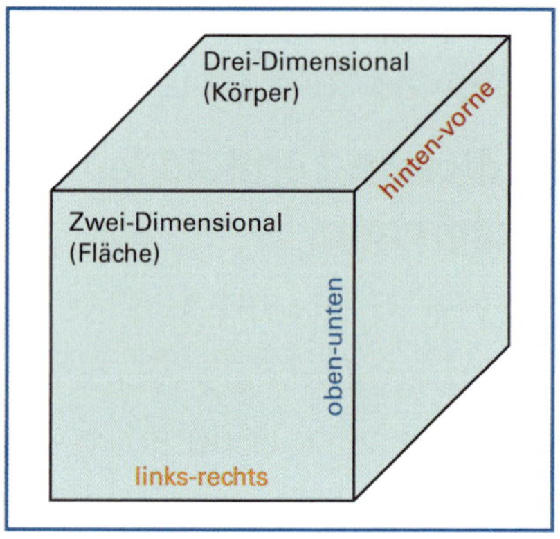

Bild 1: 2D und 3D am Beispiel Würfel

– Oben nach unten – links nach rechts – vorne nach hinten.

In den allermeisten Fällen verlaufen Rohrleitungen auf Baustellen auch in allen Richtungen, weshalb eine Vorderansicht oder Draufsicht als Normalprojektion, wie Sie es in LF1 und LF2 kennengelernt haben, nicht ausreicht.

Im Folgenden sehen Sie Auszüge aus der Montageanleitung eines **„Kombifix"** der Fa. Geberit. Je nachdem, was gezeigt werden soll, stellt Geberit den Kombifix in der besten Darstellung dar.

Für die Montagepunkte Wand und Boden ist eine Vorderansicht am besten, weil bei der Montage auch von vorne geschaut wird **(Bild 2).**

Hier können alle wichtige Maße zur Befestigung und zur Ausrichtung komfortabel dargestellt werden. Was hier **nicht gezeigt** werden kann, sind Abstände zur Wand.

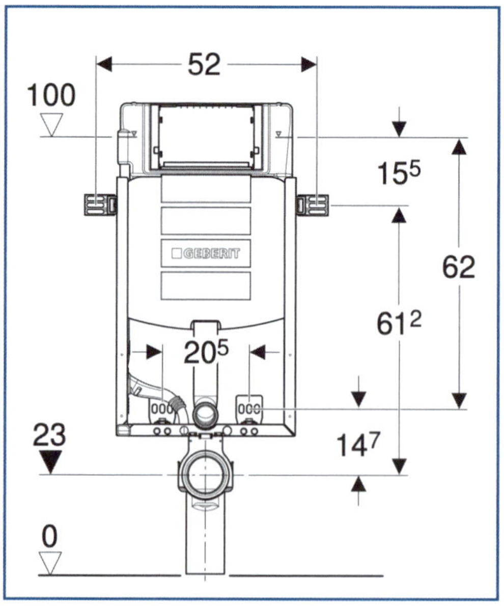

Bild 2: Kombifix Vorderansicht

Mithilfe der Seitenansicht können jetzt Abstände zur Wand dargestellt werden. Aber auch die Einbauhöhe der Toiletten-Oberkante oder die Länge der Serviceöffnung sind in der Seitenansicht darstellbar – in der Vorderansicht nicht.

Die Serviceöffnung besteht aus dem Deckel, hinter dem das Eckventil sitzt und die Technik des Spülkastens. Außerdem gehört zur Serviceöffnung die Putz-Manschette, die je nach Aufbau abgeschnitten wird, nachdem der Fliesenleger seine Arbeit fertiggestellt hat.

Mit diesen Informationen ist eigentlich alles gesagt, alle Maße liegen vor, es kann gebohrt und gedübelt werden.

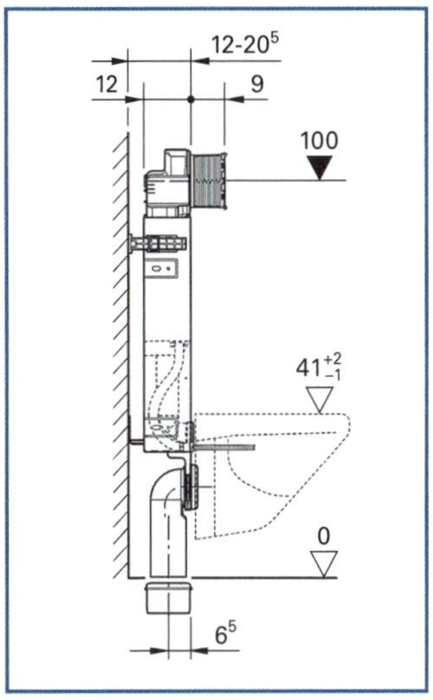

Bild 1: Kombifix Seitenansicht

Wenn es um die Montage der vielen Einzelteile geht, haben die beiden Ansichten allerdings ein Problem: Sie können entweder das eine oder das andere zeigen, nicht beides gleichzeitig.

Durch eine isometrische Darstellung können jetzt Montagevorgänge in allen Richtungen dargestellt werden. Überall wo geschraubt, gesteckt oder geklipst wird, also ein Vorgang, der in „3D" stattfindet, von vorne nach hinten, geht es nur mit Isometrie. Im Folgenden einige Beispiele aus der Montageanleitung des Kombifix:

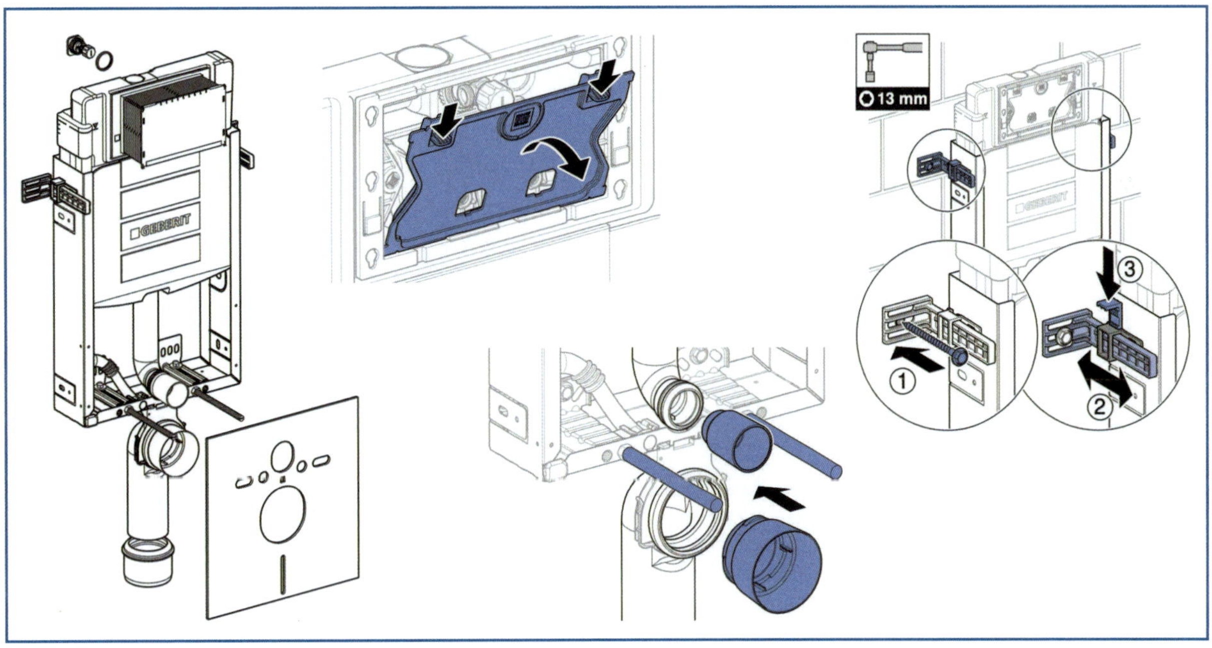

Bild 2: Verschiedene isometrische Darstellungen Montage Kombifix

Innerhalb einer isometrischen Darstellung können alle Vorgänge im Detail dargestellt werden. Gerade bei komplexen Vorgängen mit vielen Schritten ist diese Darstellung von Vorteil und wichtig.

Wenn bei großen Baustellen Rohrverteiler oder viel Haustechnik gebaut werden, werden Rohrleitungen inkl. Elementen wie Ventile oder Druckminderer als **„Rohrisometrie"** gezeichnet. Für kleine Pläne nimmt Ihr Meister oder der Bauleiter schnell einen Stift. Ab einer gewissen Größe wird auch eine Software verwendet, die dem Planer das Leben leichter macht. Aber auch der Monteur profitiert durch genaue Darstellung, saubere Zeichnungen und alle nötigen Details.

Für Projekte und Baustellen wird die isometrische Darstellung von Rohrleitungen hauptsächlich angewendet.

Für Bedienungs- und Montageanleitungen werden Körper, Bauteile und Bewegungen isometrisch dargestellt.

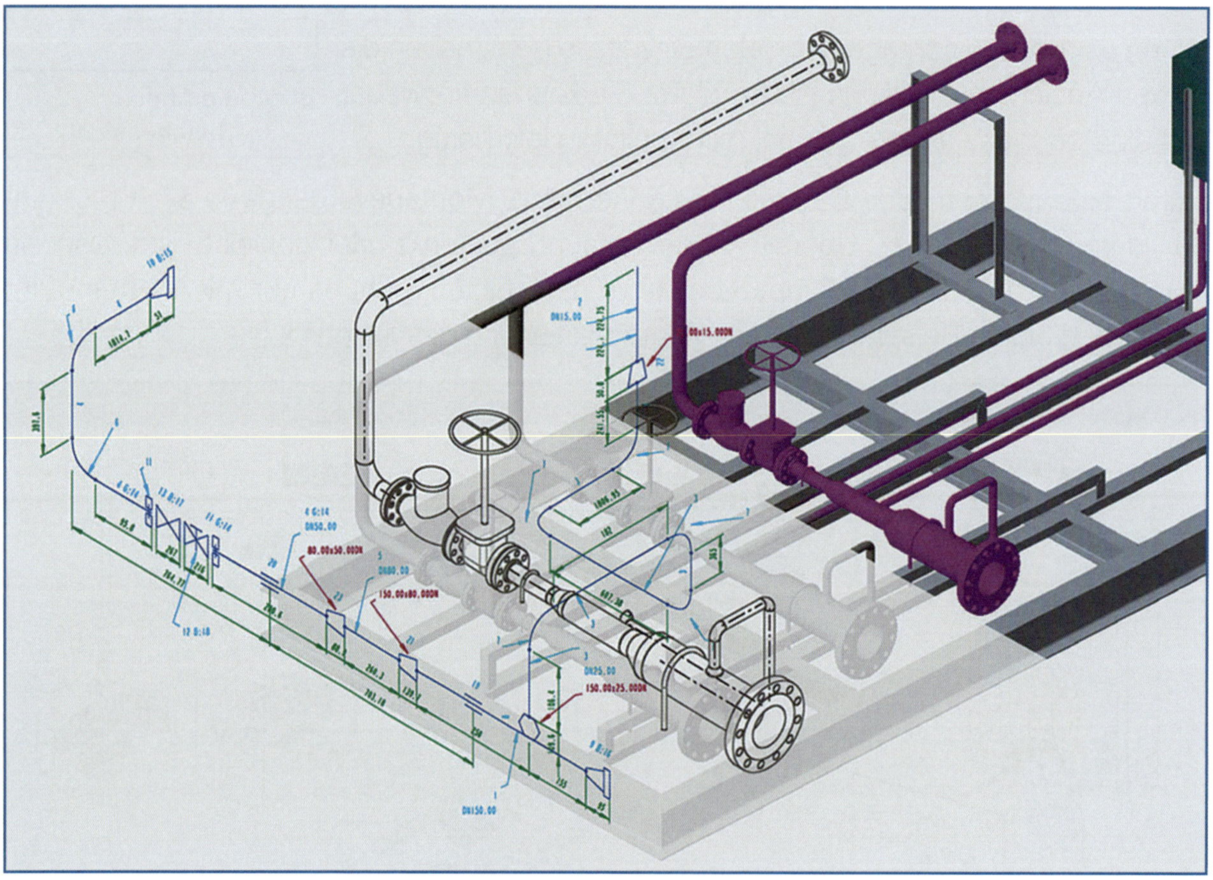

Bild 1: Software isometrische Rohrverläufe (M4 ISO FX)

Für die folgenden Projekte und Übungen fertigen Sie als ein Teil der Planungsunterlagen Ihren Rohrverlauf als Rohrisometrie an.

Wie Sie gemerkt haben, kommt die isometrische Darstellung in unserem Beruf oft zum Einsatz. Deshalb nehmen wir uns jetzt einmal die Zeit, um diese Darstellungen zu trainieren. Sie beginnen mit einfachen Übungen und beenden die Übung mit komplexen Rohrverläufen.

// Erste Übung: Einen Würfel zeichnen mit und ohne Verkürzung

Sie haben bestimmt schon mal einen Würfel gezeichnet!? Dort haben Sie gelernt, einen Würfel realistisch zu zeichnen. Dazu müssen die nach hinten laufenden Linien **nur halb so lang** gezeichnet werden, **wie sie in der Wirklichkeit** lang sind.

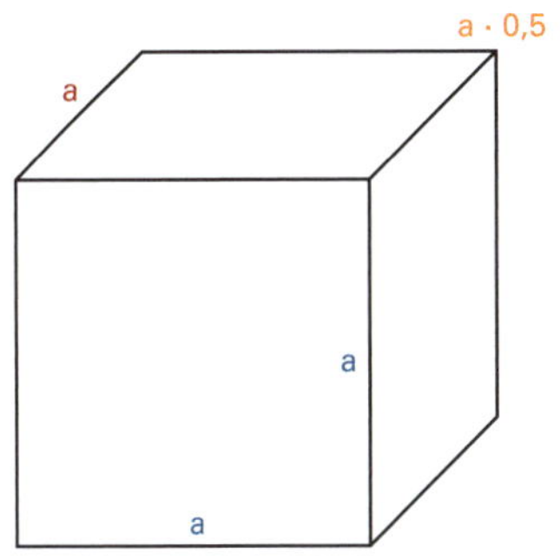

- **Zeichnen Sie links einen Würfel mit der Kantenlänge a = 40 mm. Zeichnen Sie alle Linien mit 40 mm, auch die 3D-Linie (rotes a).**
- **Zeichnen Sie rechts den Würfel mit a = 40 mm, aber hier zeichnen Sie die 3D-Linien („nach hinten laufend"), nur halb so lang.**

  Also a · 0,5 (oranges a).

Interpretieren Sie Ihre beiden Zeichnungen. Sehen Sie ein Problem in den Darstellungen für unseren Beruf bzw. für das Erstellen von Plänen?

// Zweite Übung: Einen Würfel isometrisch zeichnen

Erinnern Sie sich noch an den Merksatz auf der ersten Seite? Isometrisch heißt alle Längen in allen Richtungen sind gleich. Um alle Linien in allen Richtungen gleich lang zeichnen zu können, braucht es einen Trick.

Wir verdrehen das Objekt in allen Richtungen um 30°. Zeichnen Sie zunächst einen Würfel „isometrisch" mit der Vorlage.

Auftrag 1: Zeichnen nach Nummern:

Verbinden Sie die Punkte 1 bis 4 (Vorderseite) und A bis D (Rückseite) mit einem Lineal und Bleistift. Von 1 nach 2, von 2 nach 3, von 3 nach 4 usw. Verbinden Sie dann die beiden Flächen zu einem Würfel.

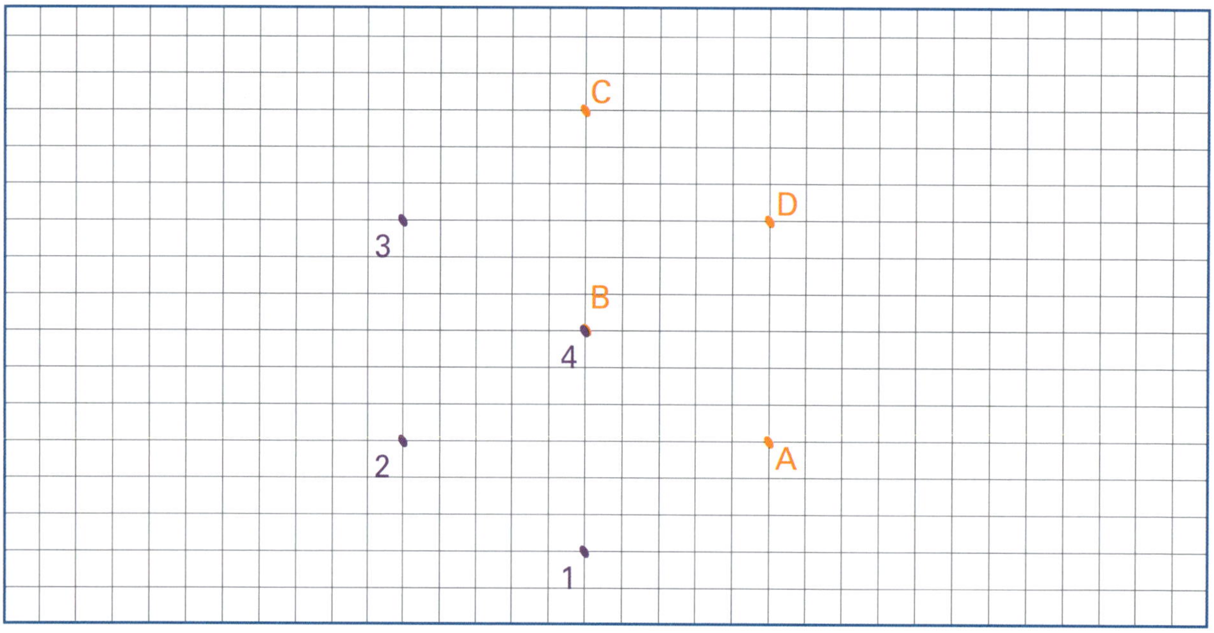

Auftrag 2: Winkel bestimmen

Messen Sie den Winkel der Linie 1–6 zur Grundlinie: ______________

Messen Sie den Winkel der Linie 1–2 zur Grundlinie: ______________

Zeichnen Sie die Winkel in Ihre Zeichnung ein. Interpretieren Sie Ihr Ergebnis. Welche Wirkung haben die Winkel in der Darstellung?

____

____

____

____

____

Wir haben in der vorherigen Übung gesehen, dass der Würfel im Kunstunterricht nur natürlich aussieht, wenn die 3D-Linien nur halb so lang gezeichnet werden, wie sie in der Wirklichkeit sind.

Bei der isometrischen Darstellung ist das nicht nötig und möglich: Wir können alle Linien so zeichnen, wie sie in der Wirklichkeit sind! Das ist wichtig, da Pläne in der Praxis sonst sehr unpraktisch wären.

Fachbuch

Exkurs: Grundregeln beim Zeichnen von isometrischen Rohrleitungen

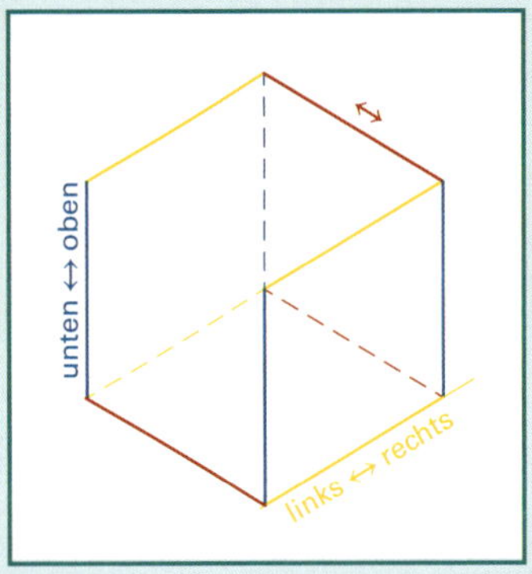

Um ein Objekt oder eine Rohrleitung isometrisch dreidimensional zu zeichnen, braucht es erst mal nur drei Regeln. **Zwei Regeln haben Sie schon kennengelernt:** Alle Linien, die in der Realität nicht nach oben oder unten laufen, verlaufen auf 30° oder –30°.

1. Also von links nach rechts: 30°
2. Von hinten nach vorne: –30°

Die dritte Regel:

3. Die Linien, die in der Realität von unten nach oben verlaufen, werden auch senkrecht gezeichnet.

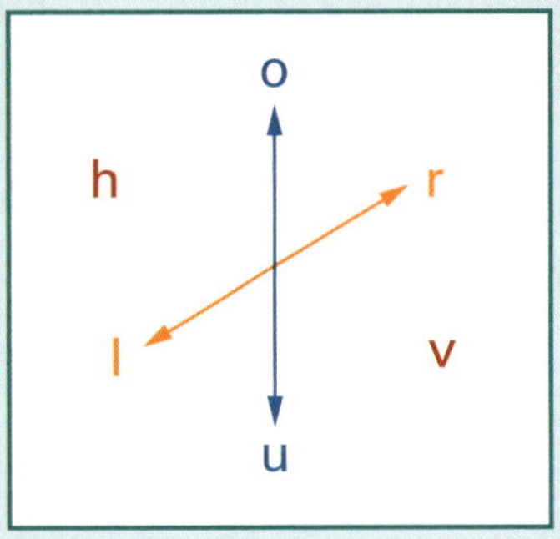

Wenn wir alles in **30°** zeichnen, gibt es **keine 90°** Richtungswechsel. Wir zeichnen die Rohre, die in der Realität 90° zueinanderstehen hier in 60°. Und Rohre, die in der Realität an der Wand entlanglaufen, laufen im 90°-Winkel und nicht im 30°-Winkel der Wand entlang.

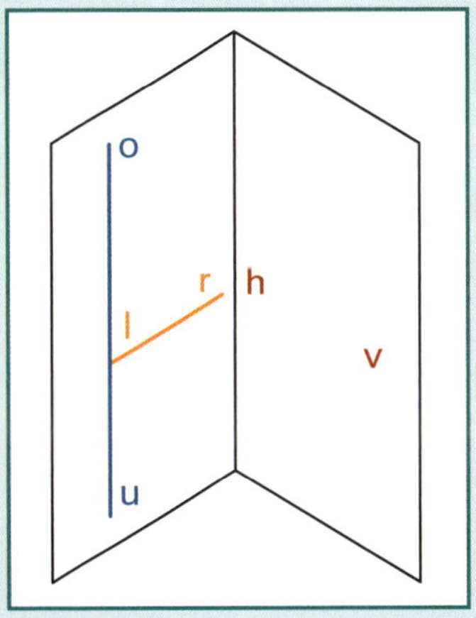

Es braucht aber eben diese „Verdrehung" um 30°, um Rohrverläufe und Objekte wie Heizkörper oder Duschwannen dreidimensional darzustellen, **OHNE** dass die Linien nach hinten durch zwei geteilt werden müssen. Sie sehen rechts eine Verfahrenshilfe. Diese zeigt, wie Linien oder Rohre isometrisch gezeichnet werden, je nach dem in welche Richtung sie verlaufen. Sie zeichnen Linien immer nach dieser Hilfe. Die Linien von oben nach unten verlaufen nie abseits der 30°, –30° oder der 90° Marke.

Für ein tieferes Verständnis gibt es noch weitere Beispiele und Erklärungen. Denn die Darstellung von isometrisch gezeichneten Rohrleitungen ist zentral für Ihren Beruf und muss sitzen.

Rechts sehen Sie einen Rohrverlauf, Steigestrang mit Abgang nach rechts. Der Rohrverlauf ist hier bereits in isometrischer Darstellung als Lösung dargestellt.

Schauen wir uns jetzt die drei verschiedenen Verläufe an: Stellen Sie sich vor, Sie befinden sich in einem Raum, wie auf den Abbildungen. Sie stehen vor einem Steigestrang, der einen Abgang nach rechts hat.

Fachbuch

Bild 1: Rohre, die von **links** nach **rechts** bzw. rechts nach links verlaufen, werden in **30°** gezeichnet.

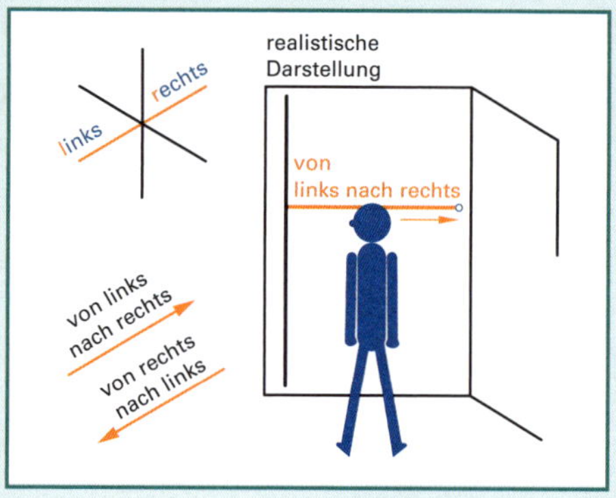

Rohre und Kanten, die links/rechts verlaufen oder hinten/vorne, werden immer auf 30°-Linien gezeichnet!

Rohre und Kanten, die in der Wirklichkeit parallel verlaufen, verlaufen auch in der isometrischen Zeichnung parallel. An der fertigen Zeichnung vorherige Seite sehen Sie, dass der Abgang von links nach rechts **(Orange)** ebenfalls parallel zum Boden und Decke verläuft (Regel 3).

Bild 2: Rohre, die in der Realität auf einen zu kommen bzw. von einem weglaufen, verlaufen von **„hinten nach vorne"** und werden im Winkel **–30°** gezeichnet.

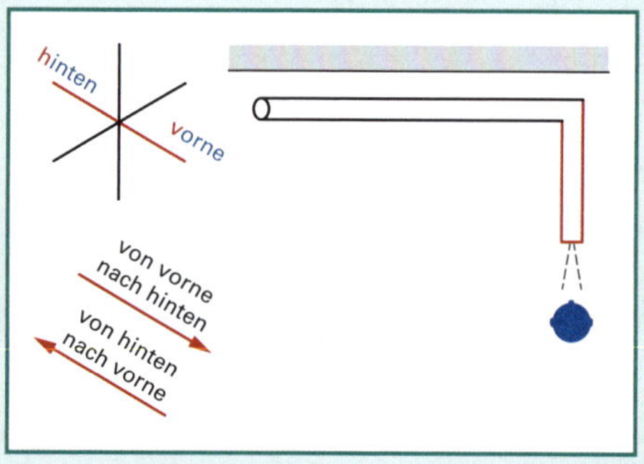

Rohre und Kanten, die **links/rechts** verlaufen oder hinten/vorne, werden immer auf 30°-Linien gezeichnet

Vollziehen Sie die einzelnen Schritte an der Gesamtzeichnung oben schrittweise nach.

Bild 3: Rohre, die in der Realität von unten nach oben verlaufen, z. B. ein Steigestrang, werden in der isometrischen Zeichnung genau so gezeichnet.

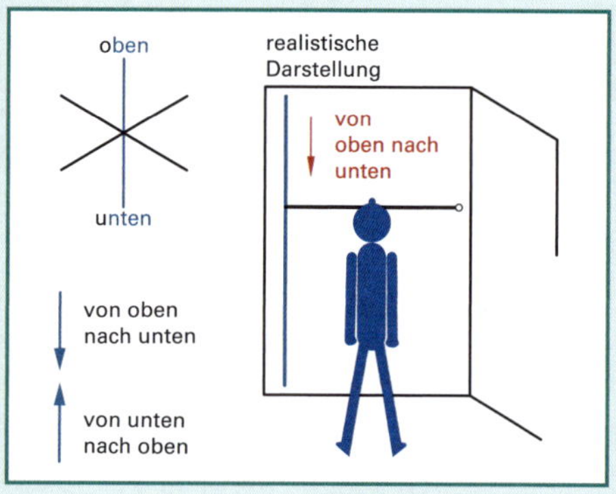

Hier läuft der **Strang (Lila)** parallel mit den Kanten der Wände (Regel 3)

Zusammenfassend können alle Richtungen einer Rohrleitung im Raum mit einem Verteiler dargestellt werden.

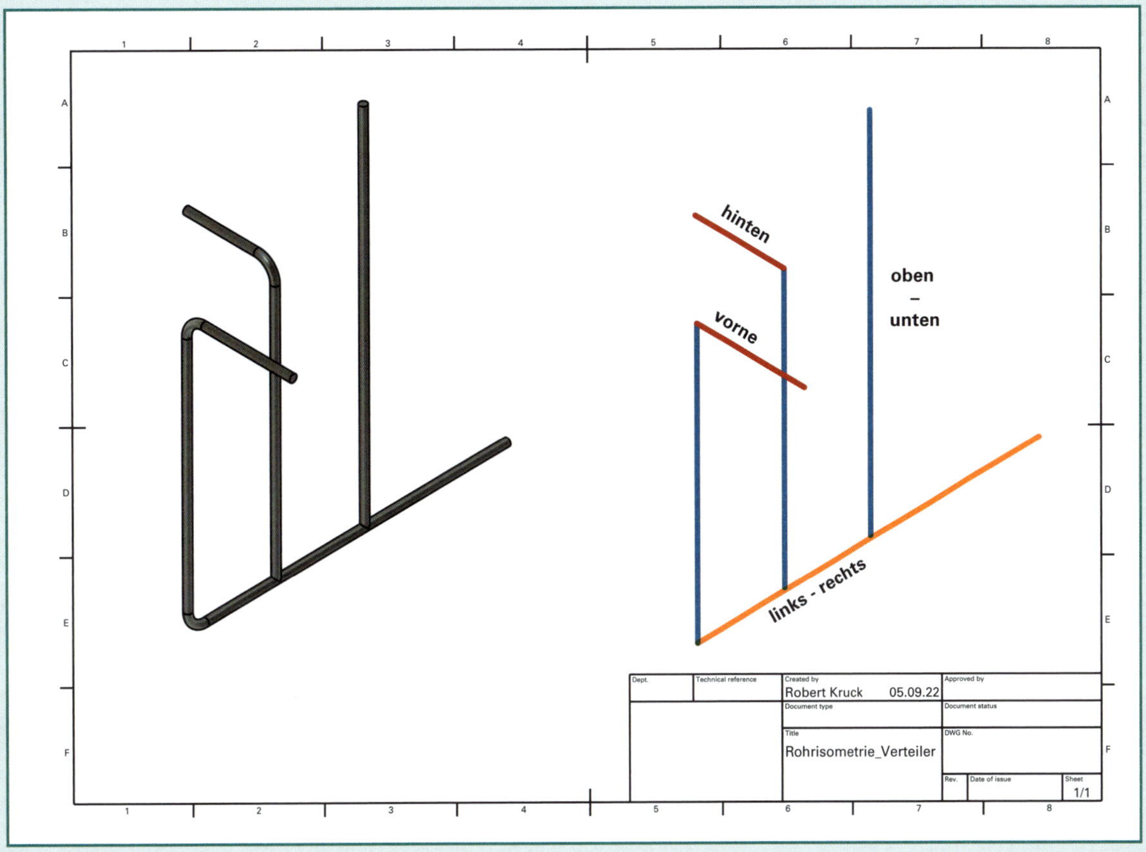

// Dritte Übung: Komplexe Körper isometrisch zeichnen

Sie beginnen mit vier Formen, die Sie in eine isometrische Darstellung übertragen. Um den Einstieg zu erleichtern, haben Sie hier noch eine Zeichenhilfe mit Verfahrenshilfe. Kleiner Tipp: Sobald sie von der Vorlage (Raster im Hintergrund) abweichen, sind Sie falsch unterwegs. Alle Linien zeichnen Sie über der Vorlage. Die Körper sind zunächst eine Übung für das räumliche Vorstellungsvermögen. In der nächsten Übung wagen wir uns an die Rohrleitungen.

Maße sind hier zweitrangig. Schauen Sie, dass die Maße ungefähr passen. Hier geht es zuerst um Verständnis und Übung. Zeichnen Sie immer auf den Linien des Isometrie-Papiers, das macht es einfacher und übersichtlicher.

a) **L-Stück**

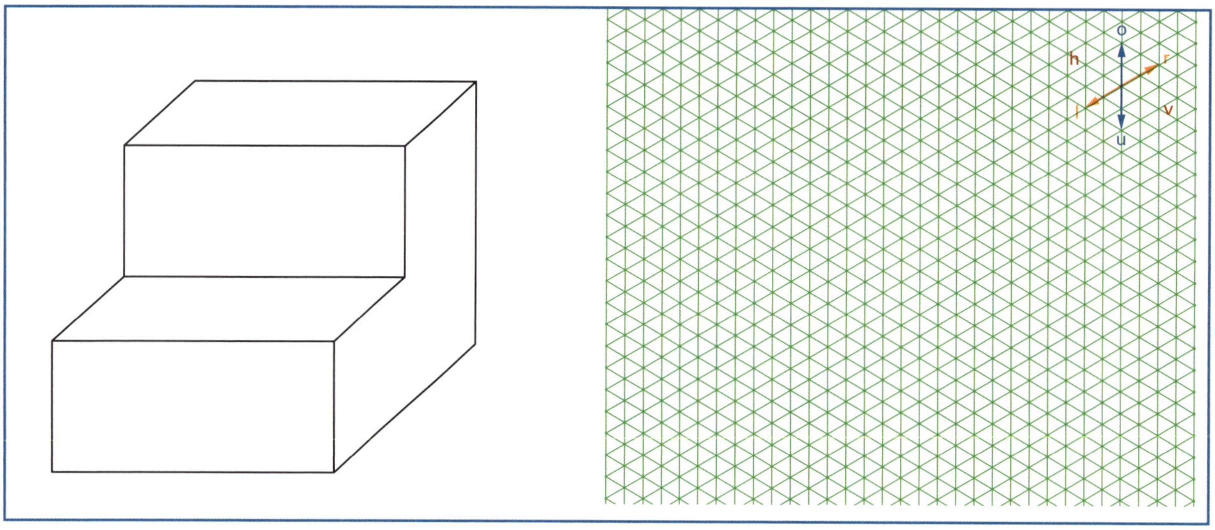

b) **U-Profil**

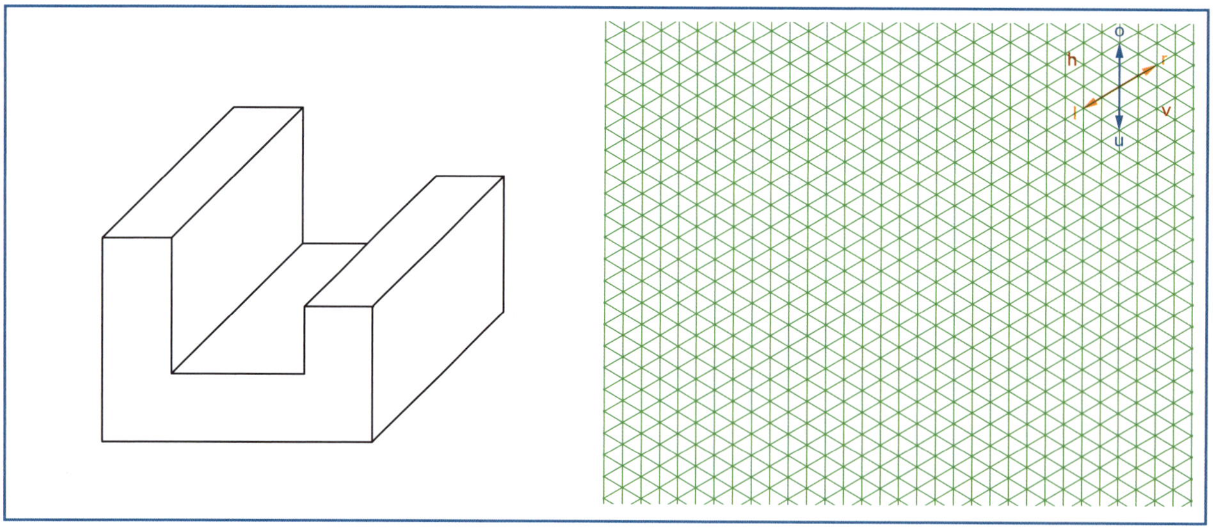

c) **Komischer Sessel**

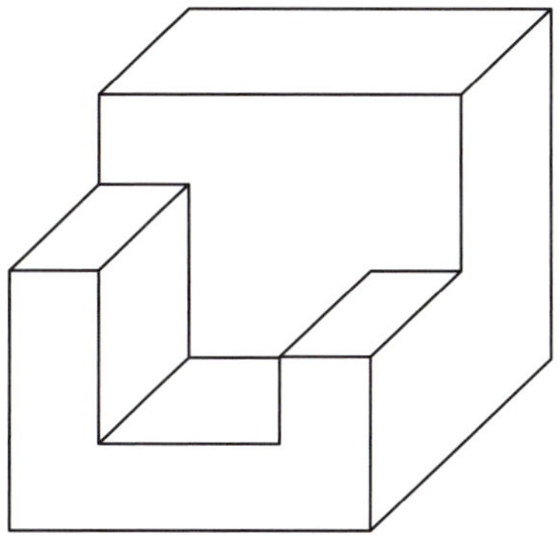

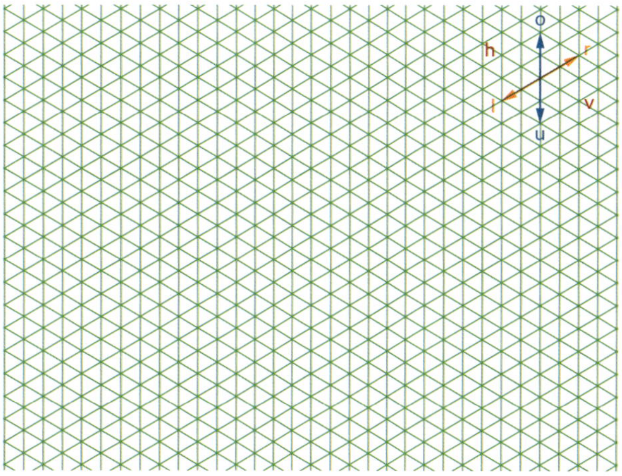

d) **4-Stück**

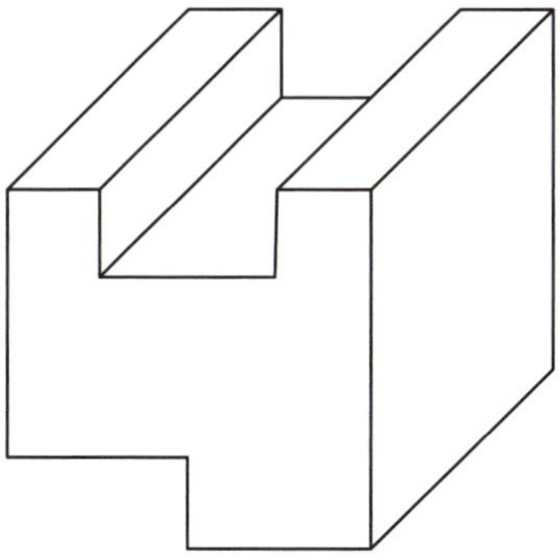

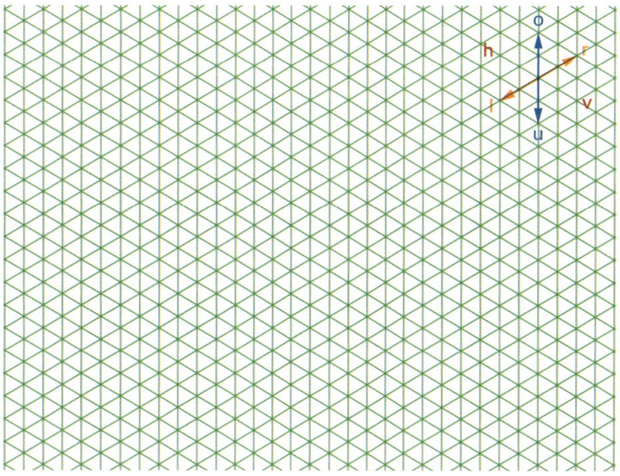

e) **Schräg**

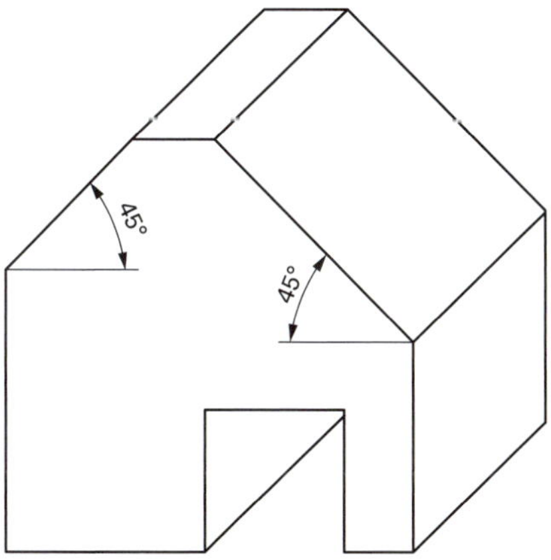

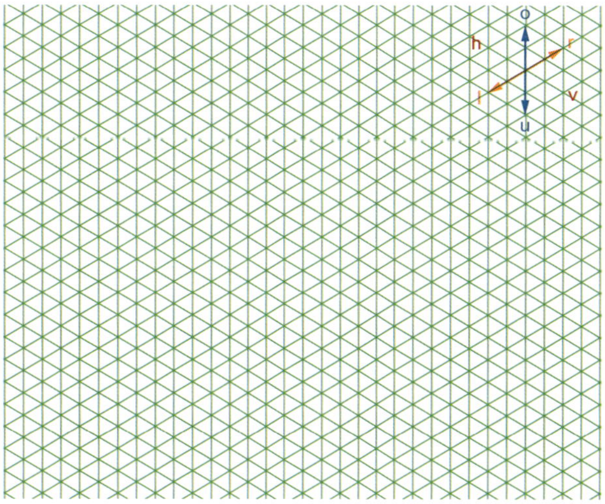

// Vierte Übung: Rohrisometrie in der Ebene zeichnen

Die folgenden Aufträge zeigen Rohrverläufe, die nur in der Ebene verlegt werden sollen (2D). Zeichnen Sie die Rohrverläufe isometrisch in die Vorlage rechts davon. An den Rohrabschnitten sehen Sie Zahlen. Das sind die Längen der Rohrabschnitte in Millimeter. Ein Fitting trennt den Rohrverlauf in Abschnitte: Immer da, wo geschnitten werden muss.

- **Zeichnen die Rohrverläufe im Maßstab 1:100 in die Vorlage.**
- **Bemaßen Sie alle Rohrabschnitte mit den realen Maßen (im Maßstab zeichnen, aber real bemaßen). Schreiben Sie die Maßzahl so wie in der Vorlage auf die Rohrleitungen, also ob die Rohrleitung die Zahl unterstreicht.**
- **Zeichnen Sie maßhaltig.**

a) **Rechtsrum (einfacher Abgang)**

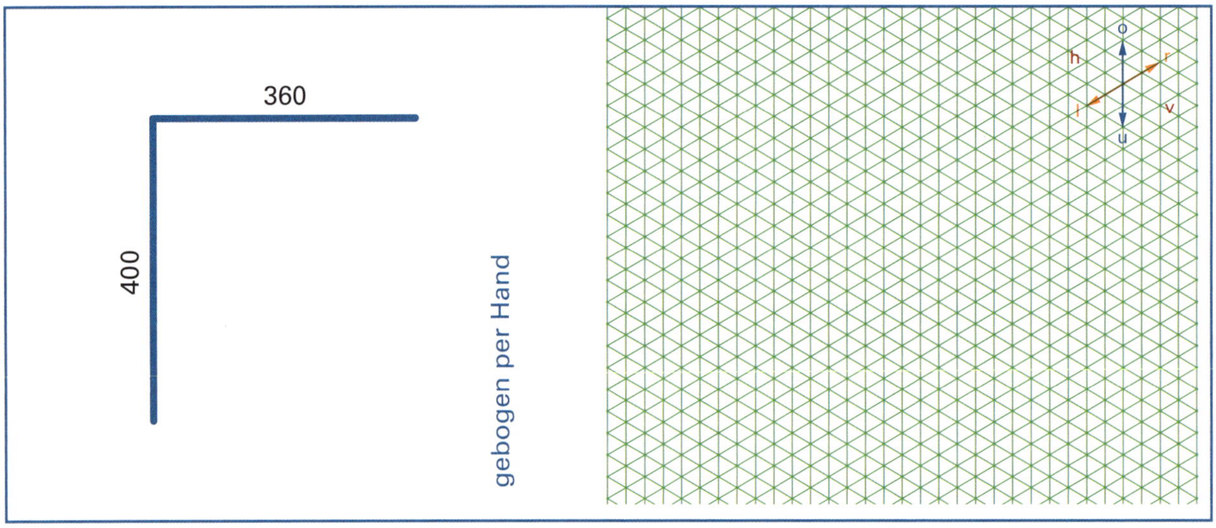

b) **Mäander (Fußbodenheizung, Flussschlinge)**

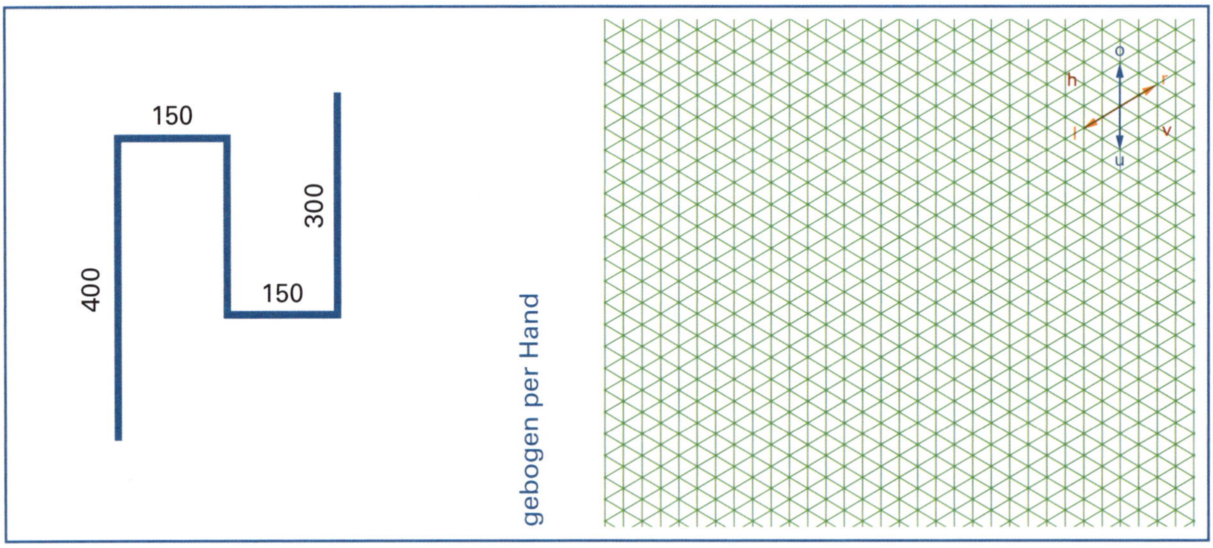

c) **Verteiler (Kaltwasser oder Heizkreise)**

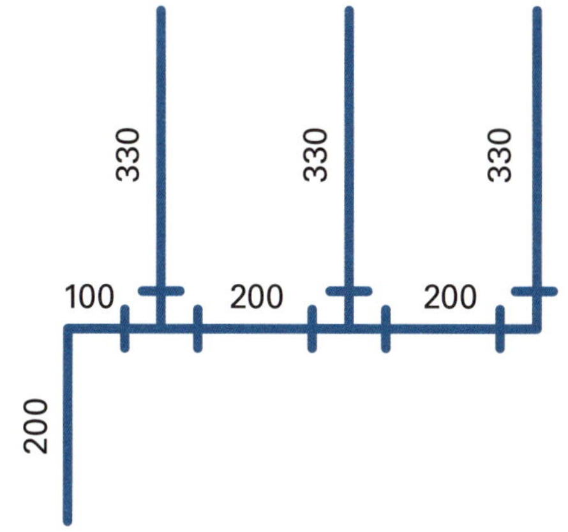

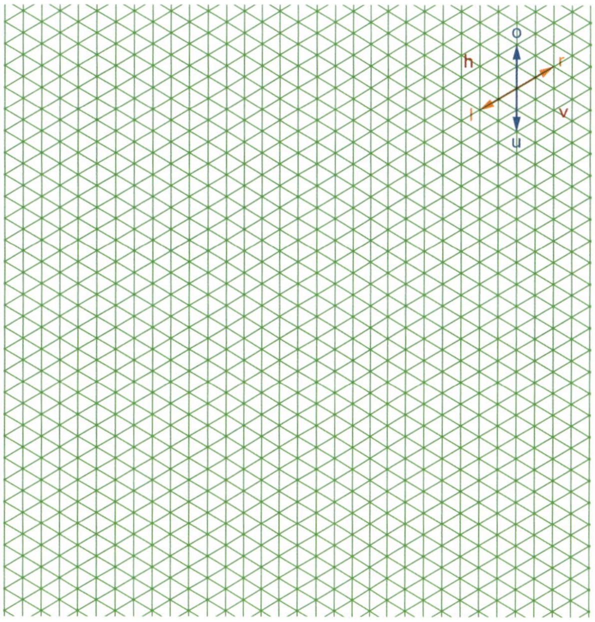

d) **Zapfstelle (im Technikraum für eine Ausgussbecken oder Sicherheitsventil)**

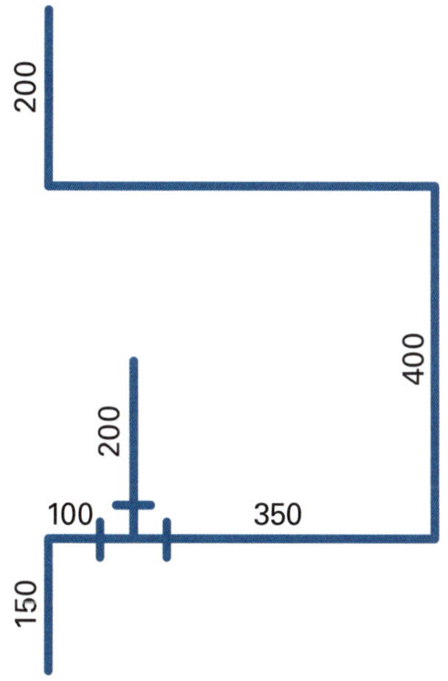

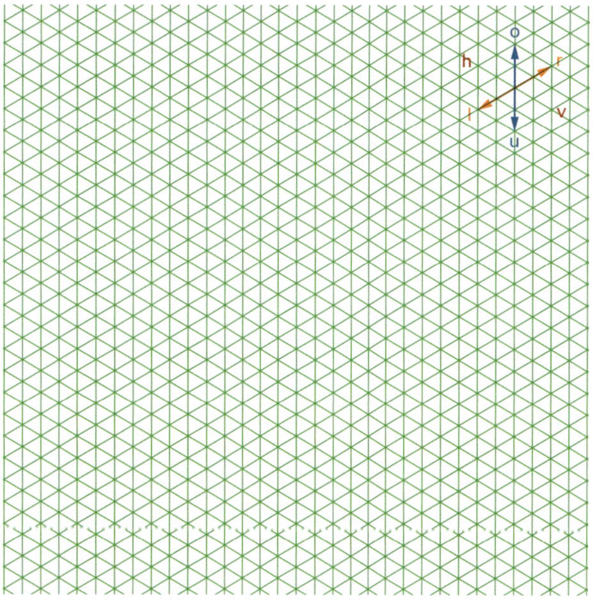

// Fünfte Übung: Rohrisometrie im Raum zeichnen

Wie in der vorherigen Übung zeichnen Sie die Rohrabschnitte isometrisch. Dieses Mal verlaufen die Rohrleitungen in alle Richtungen im Raum (so wie sie „in der Wirklichkeit" verlegt werden). Allerdings wurde hier eine Darstellung gewählt, die es so eigentlich nicht gibt – um den Rohrverlauf zu zeigen, ohne die Lösung zu verraten.

- **Zeichnen Sie die dargestellten Rohrverläufe isometrisch in die Vorlagen.**
- **Zeichnen Sie im Maßstab 1:200. Zeichnen Sie maßhaltig.**
- **Bemaßen Sie Ihre Rohrleitungsabschnitte.**

a)

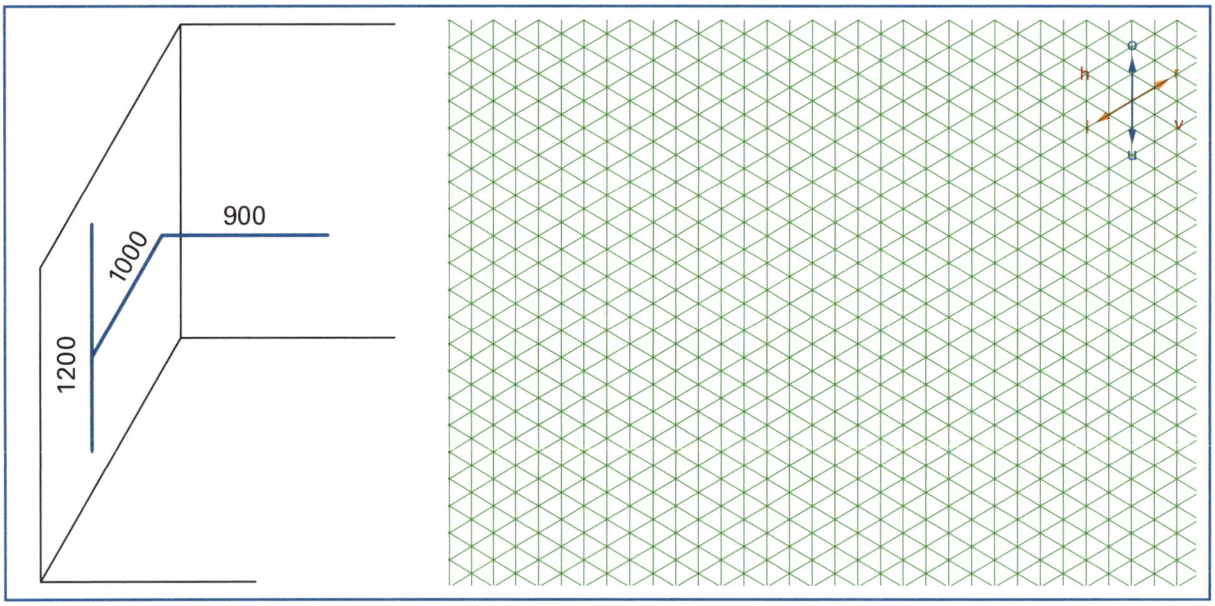

b)

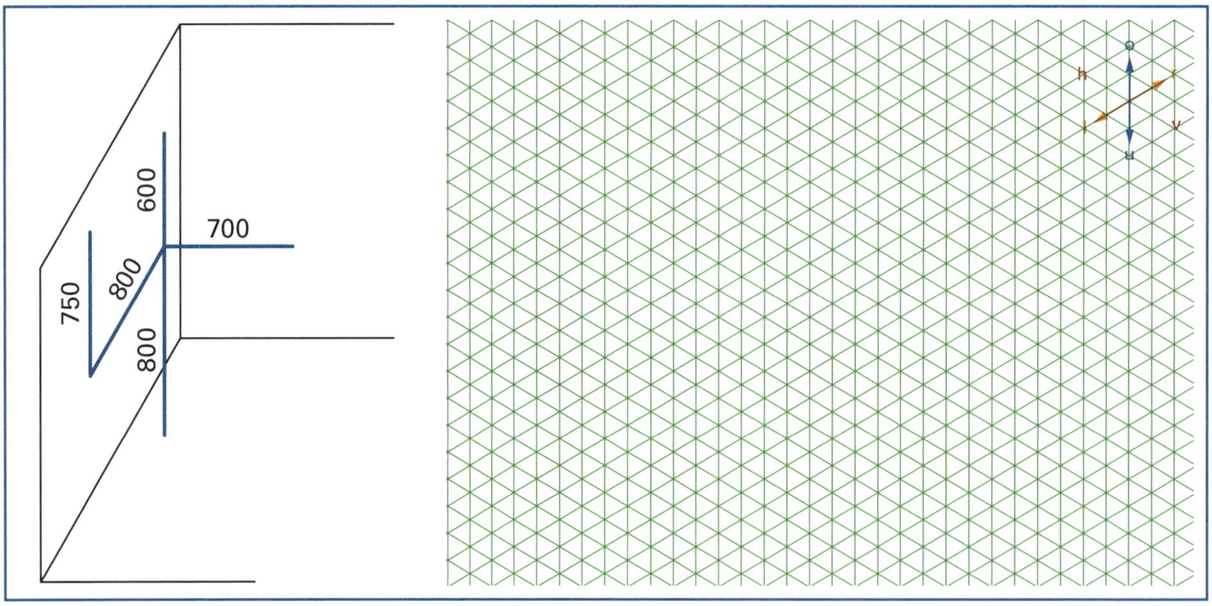

c)

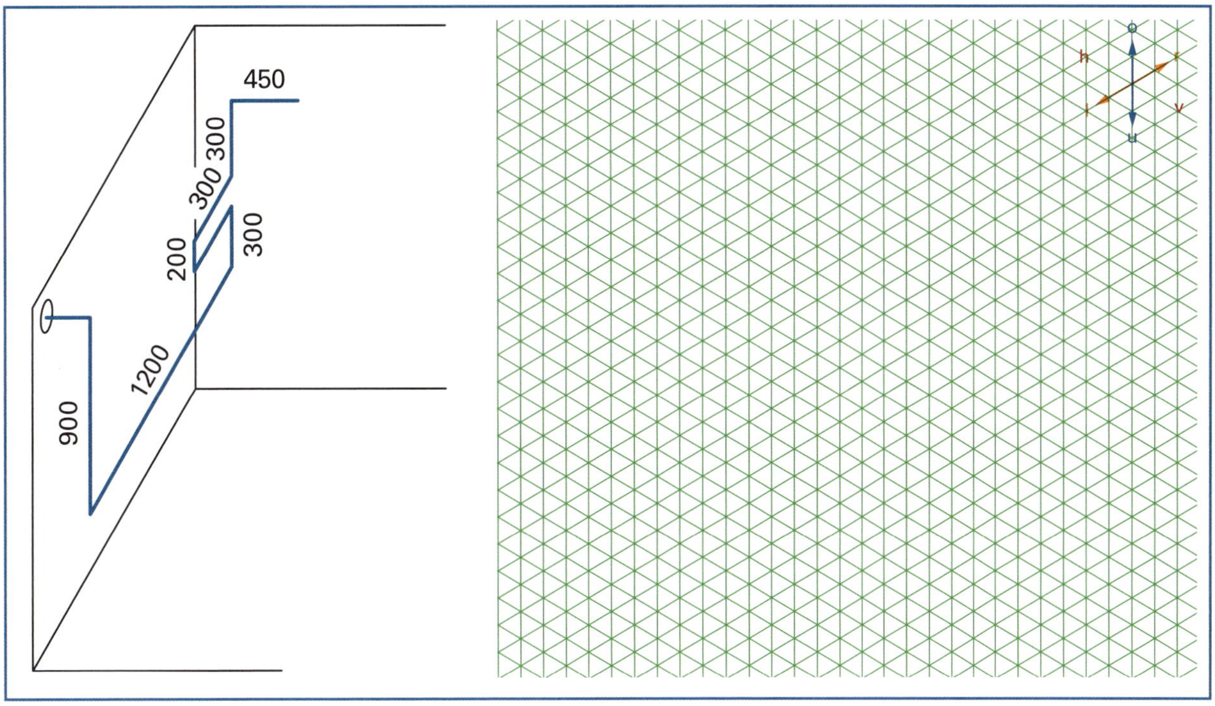
450
300
300
200
300
1200
900
h
r
l
v
o
u

d)

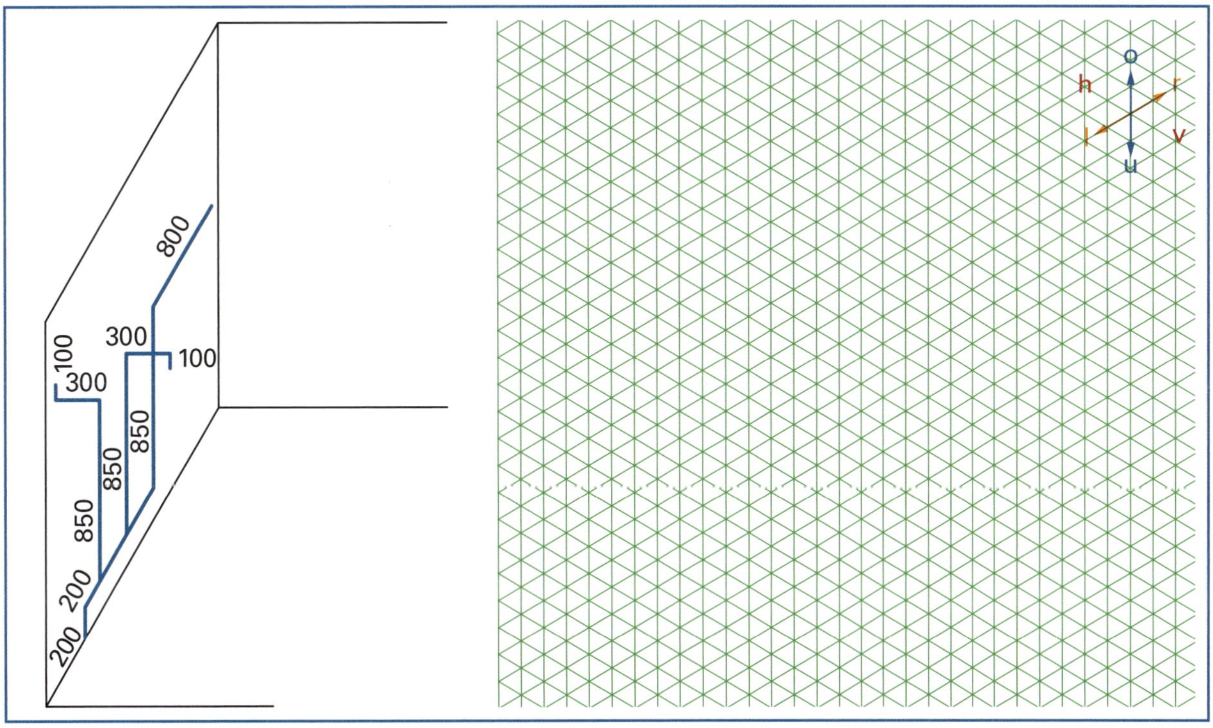
800
100
300
300
100
850
850
850
200
200
h
r
l
v
o
u

2. Kundenauftrag: Ausgussbecken im Kesselhaus

Setzen Sie Ihr neues Wissen um! In einem Kesselhaus soll ein Ausgussbecken installiert werden. Zur Trinkwasserversorgung verläuft bereits **ein Steigestrang DN25** **(1)** durch den Raum. In den Steigestrang wird von Ihnen ein T-Stück gesetzt. Von dort aus wird eine **DN15** Leitung **(2)** in Kupfer-Press verlegt. Mittels Übergang wird ein **Auslaufhahn ½** als Zapfstelle realisiert **(3).** Das Ausgussbecken wird später gesetzt, wenn die Rohrleitung vollständig montiert ist.

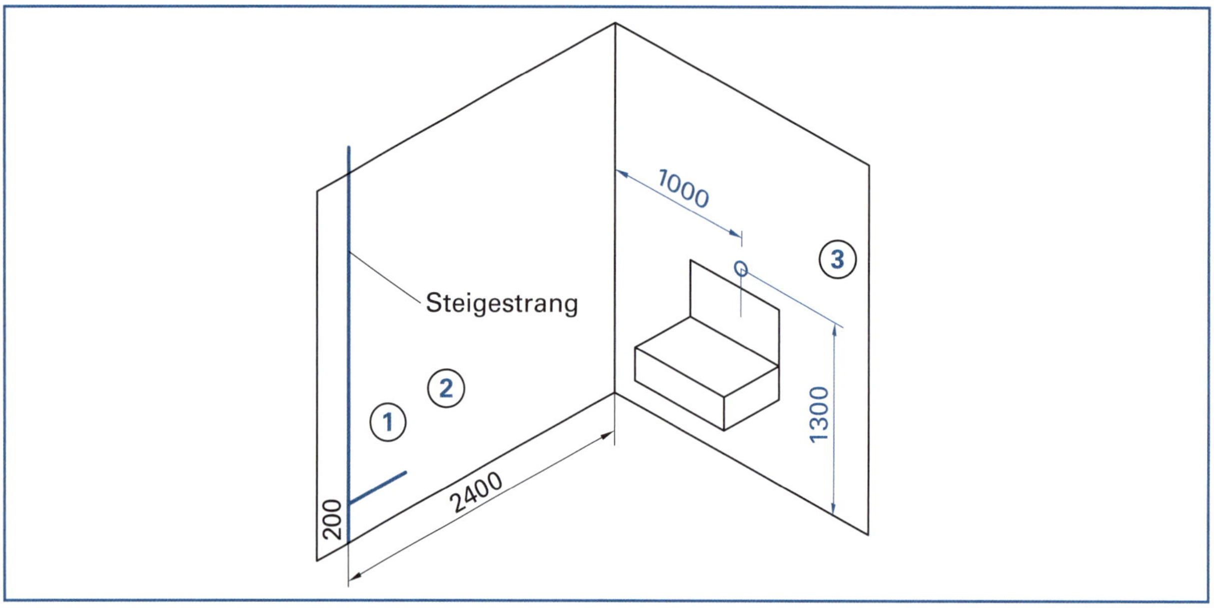

Zeichnen Sie in die Vorlage frei Hand Ihren Rohrverlauf ein, wie Sie ihn später verlegen wollen (Freihandskizze). Achten Sie auf Abstände und berücksichtigen Sie Schellen bzw. Befestigungen im Allgemeinen.

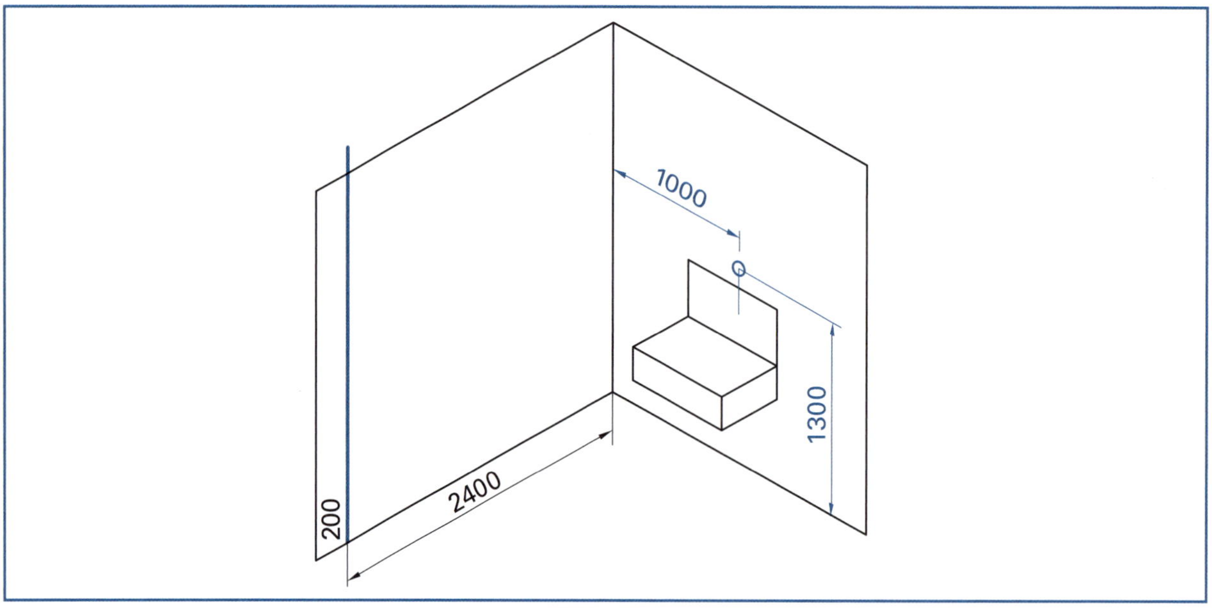

Für die Planung Ihres Rohrverlaufs erstellen Sie mehrere Produkte, die auch auf Ihr Vorwissen aus den vorherigen Kapiteln zurückgreifen. Wenn Sie sich nicht sicher sind, schauen Sie noch einmal nach, wie das ein oder andere funktioniert.

Zeichnen Sie die Rohrleitung zunächst in der Draufsicht als Bauplan. Als Orientierung können Sie Außenwände einzeichnen. Bemaßen Sie Ihre Zeichnung, wählen Sie dazu den Maßstab selbst.

(Für einen zweiten Versuch oder für eine zweite, sauberer Version)

Zeichnen Sie den Rohrverlauf mit Steigestrang bis zum Ausgussbecken komplett in isometrischer Darstellung. Den Maßstab wählen Sie selbst. Bemaßen Sie Abstände der Rohrleitung zur Wand und zum Boden deutlich. Wände und Boden müssen Sie nicht zeichnen, können Sie aber, wenn es Ihnen als Orientierung hilft. Kennzeichnen Sie die Stellen, an denen Sie die Rohrleitungen befestigen wollen.

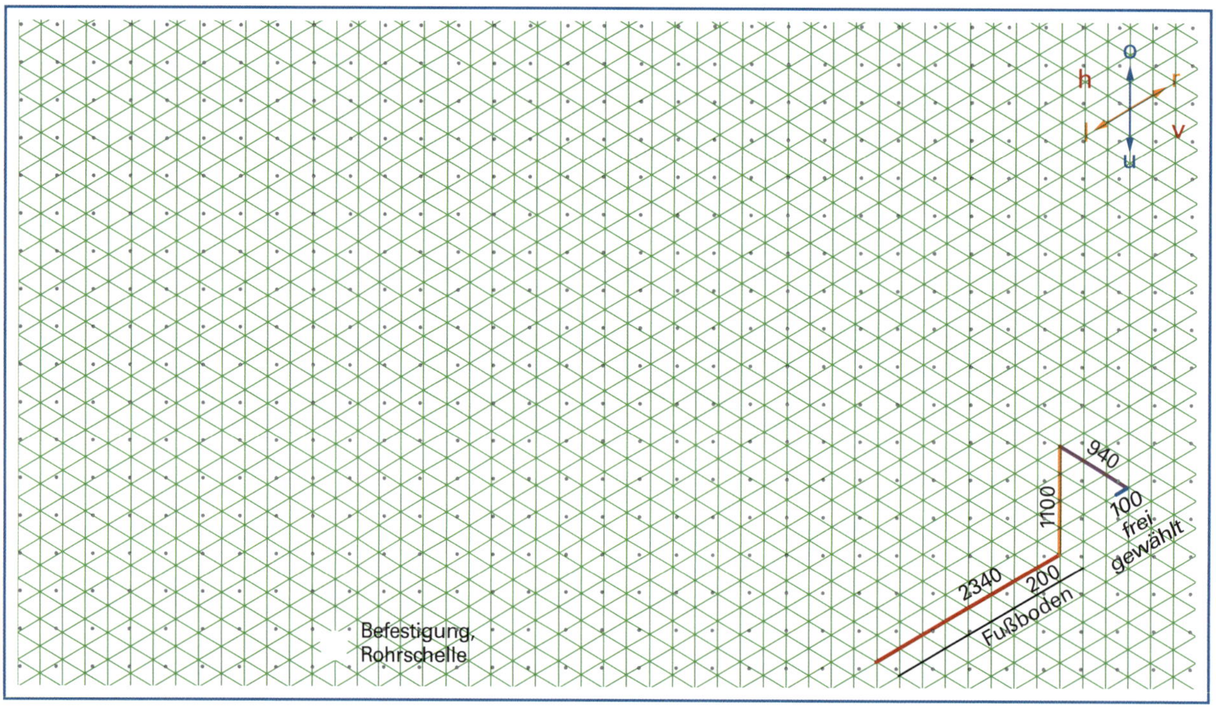

(Für einen zweiten Versuch oder für eine zweite, sauberer Version)

Erstellen Sie eine Dokumentation über Ihre Arbeitsschritte. Eine Dokumentation müssen Monteure unter anderem anfertigen, um die Arbeiten später beim Kunden abrechnen zu können.

Ausgussbecken im Kesselhaus: Planung der Arbeitsschritte

#	Arbeitsschritt: Was wird gemacht?	Benutztes Werkzeug	Wichtiges am Arbeitsschritt	~Zeit [min]

Mit „Wichtigkeit des Arbeitsschrittes" wird gefragt, auf was geachtet werden muss, damit der Arbeitsschritt als fachlich kompetent ausgeführt gilt, zum Beispiel:

- Festigkeit
- Maßhaltigkeit
- Dichtigkeit
- Haltbarkeit

// Stückliste und Aufmaß

Wie in jedem technischen Projekt ist eine Stückliste unerlässlich. Sowohl für den korrekten und vollständigen Einkauf der Teile als auch für die spätere Abrechnung des Kunden. In diesem Projekt schauen wir uns an, wie Rohrabschnitte einer Rohrleitung genauer „gemessen" werden können.

Fachbuch

Tab-Buch

Exkurs: Z-Maß-Methode – Professionell Rohrabschnitte bestimmen

Sie kennen es sicher. Sie sollen ein Stück Rohr ablängen und erhalten vom Gesellen die Information „50 cm Mitte-Mitte!". Jetzt legen Sie das Rohr auf den Boden, stecken einen Bogen auf einer Seite auf, legen einen zweiten Fitting auf den Boden und messen jetzt so über das Rohr, dass der zweite Fitting bei 50 mm Mitte liegt. Das ist mitunter umständlich und ungenau, insbesondere dann, wenn es lange Rohrstücke, über 2 Meter, sind. Der Zollstock oder Fitting kann verrutschen.

Durch die z-Maß-Methode können die zu schneidenden Rohrlängen bei Mitte- oder Mitte-Mitte-Maßen bestimmt werden. Das z-Maß ist die Distanz zwischen Rohrstück und Mitte des Fittings.

Das Rohrstück, welches geschnitten wird, ist immer kürzer als das Mitte-Mitte-Maß, da der Fitting einen Bogen macht, um die Richtungsänderung zu ermöglichen (90°, 45° usw.) Die Differenzen zwischen Ende Rohrstück am Fitting (Einstecktiefe) bis Mitte des Fittings wird als z-Maß bezeichnet und wird vom Mitte-Mitte-Maß abgezogen. Im folgenden Beispiel ist eine Verbindung mit zwei gleichen 90°-Bögen dargestellt.

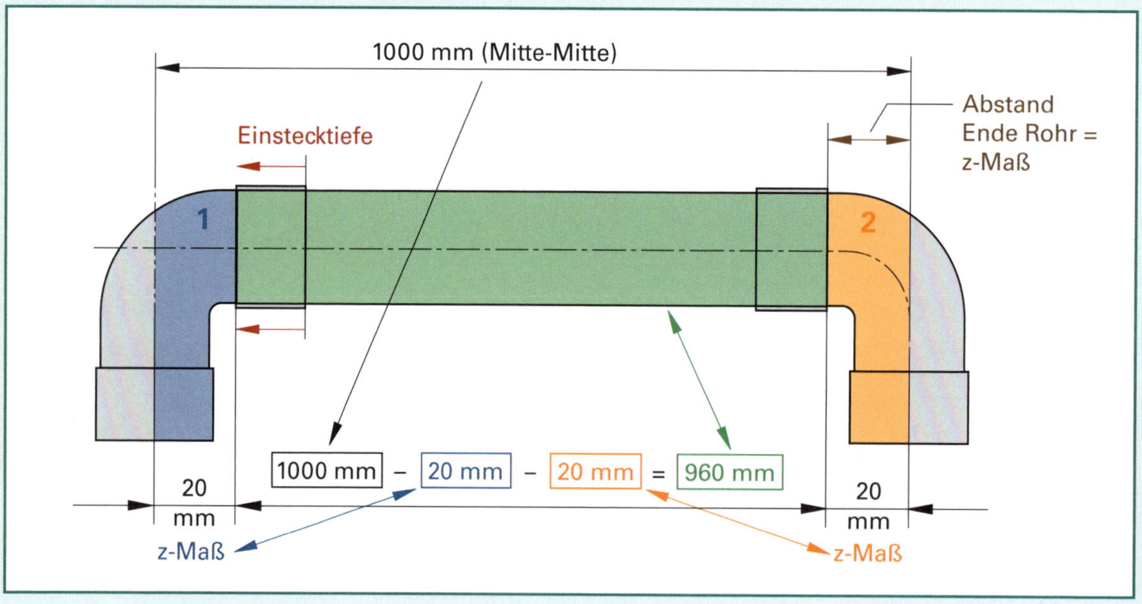

Die z-Maße sind farbig gekennzeichnet: Links in Lila und rechts in Gelb. Die Differenz zwischen Rohrende/Einstecktiefe bis Mitte Fitting sind hier 20 mm. Sie berechnen das Rohrstück, indem Sie die z-Maße der Fittinge vom Mitte-Mitte-Maß abziehen.

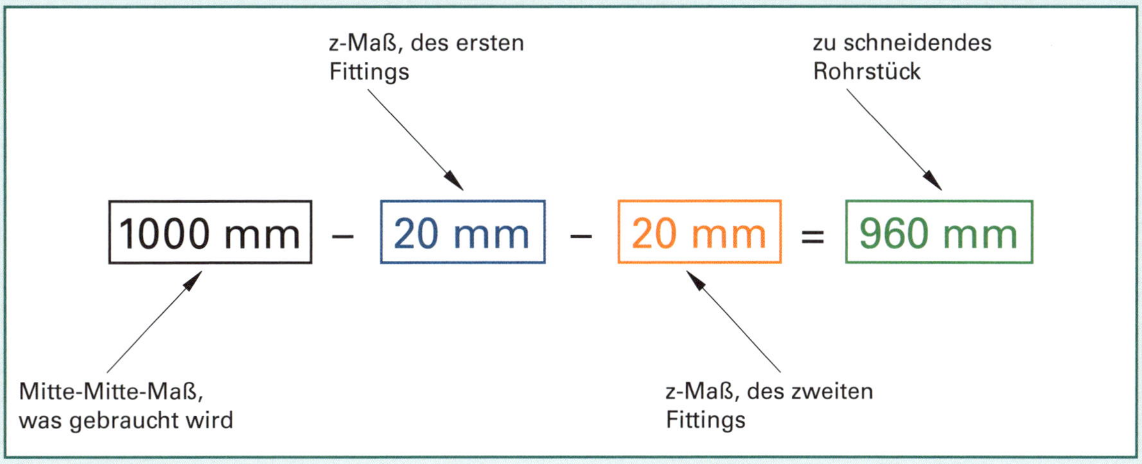

Um ein Mitte-Mitte-Maß von 1 m zu erhalten, benötigen Sie ein Rohrstück von 96 cm.

Die z-Maße werden von Herstellern ermittelt und können auf deren Webseiten eingesehen werden. Sie finden z-Maße für ausgewählte Rohrarten in Ihrem Tabellenbuch (Kapitel Trinkwasser und Abwasser, Rohrsysteme). Dort, wo Sie auch Außen- oder Innendurchmesser finden. Die Werte sind für alle Rohrsysteme angegeben, auch für Entwässerungsleitungen.

Tab-Buch

Im vorherigen Beispiel wurde die Rohrverbindung mit zwei gleichen Fittingen hergestellt. Oft sind die Fittinge aber nicht gleich. Auf einen 90°-Bogen folgt ein 45°-Bogen oder ein T-Stück. Im folgenden Beispiel verläuft der Rohrabschnitt von einem T-Stück zu einem 90°-Bogen.

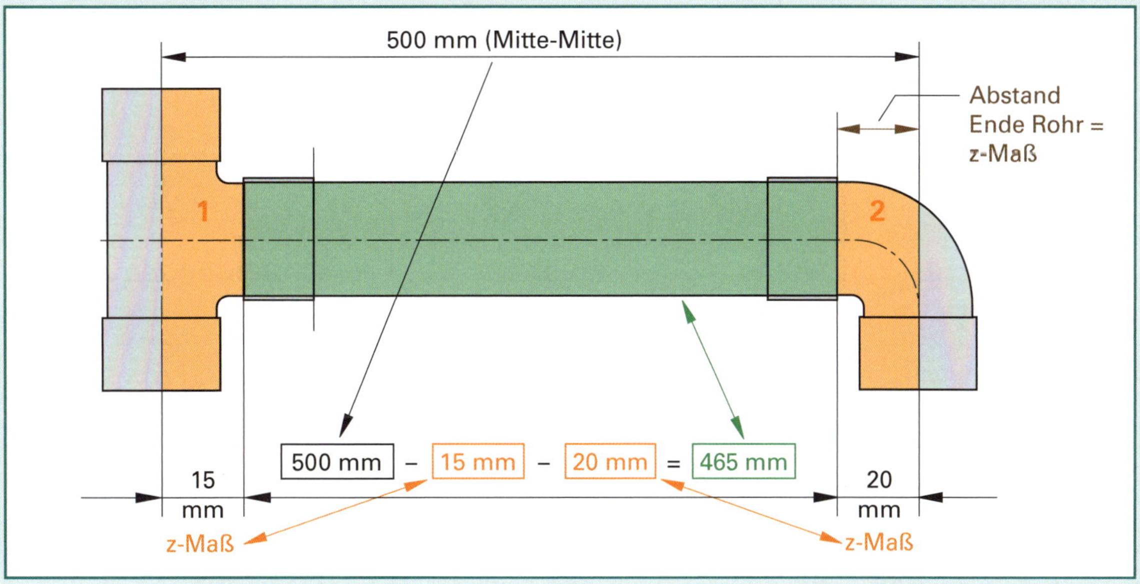

Das z-Maß des T-Stücks beträgt hier 15 mm, der Bogen hat weiterhin das z-Maß von 20 mm. Sie subtrahieren 500 mm minus 15 mm minus 20 mm.

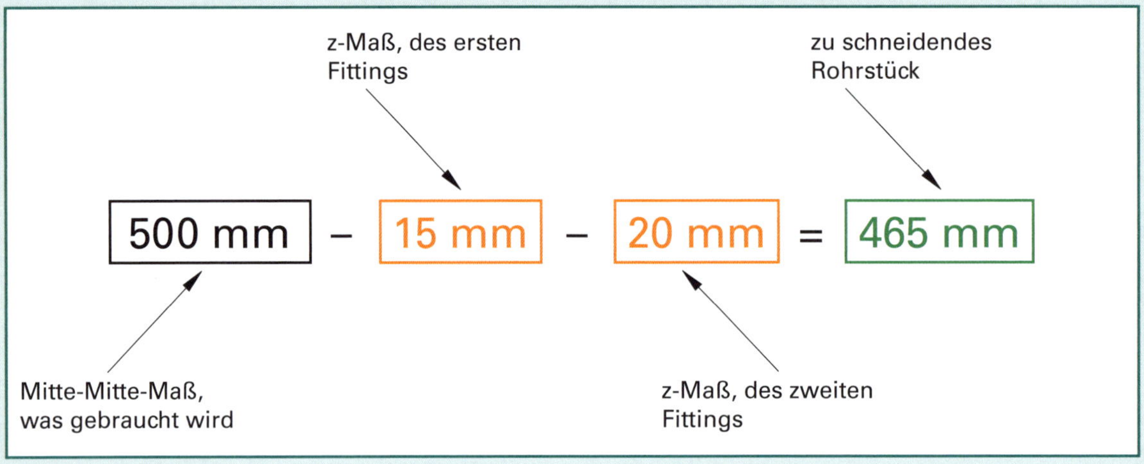

Um ein Abgang mit dem Mitte-Mitte-Maß von 0,5 m zu erhalten, benötigen Sie ein Rohrstück von 46,5 cm.

Tab-Buch

Sie bearbeiten jetzt vier Übungen mit steigendem Schwierigkeitsgrad. Sie benötigen einen Taschenrechner und Ihr Tabellenbuch. Suchen Sie die Seiten über die Rohrsysteme im Kapitel Trinkwasser und im Kapitel Abwasser.

Für das Berechnen und Dokumentieren von Aufmaßen mittels z-Maß-Methode ist eine Tabelle sehr praktisch. Hier ein kleines Beispiel, wie die folgenden Übungen bearbeitet werden:

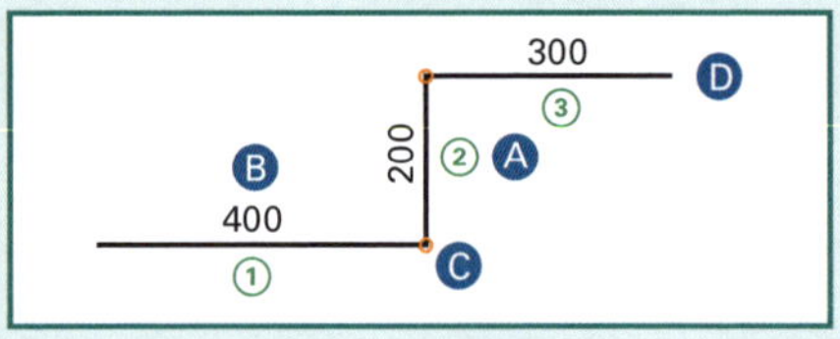

- A) Rohrabschnitte nummerieren (1,2 …),
- B) Mitte-Maß oder Mitte-Mitte-Maß notieren,
- C) z-Maß der Fittinge aus Tabellenbuch entnehmen,
- D) Rohrstück berechnen.

// Übungsbeispiel: Kupfer Lötfitting, D15 mm

	B	C	C	D
TS	**gefordertes Endmaß**	**erstes z-Maß**	**zweites z-Maß**	**zu schneidendes Rohrstück**
①	400 mm (Mitte)	– (kein Fitting)	20 mm	400 mm – 0 mm – 20 mm = 380 mm
②	200 mm (Mitte-Mitte)	20 mm	20 mm	200 mm – 20 mm – 20 mm = 16 mm
③	300 mm (Mitte)	20 mm	– (kein Fitting)	DN20

// Übung 1: Edelstahl-Presssystem, D18

Tab-Buch

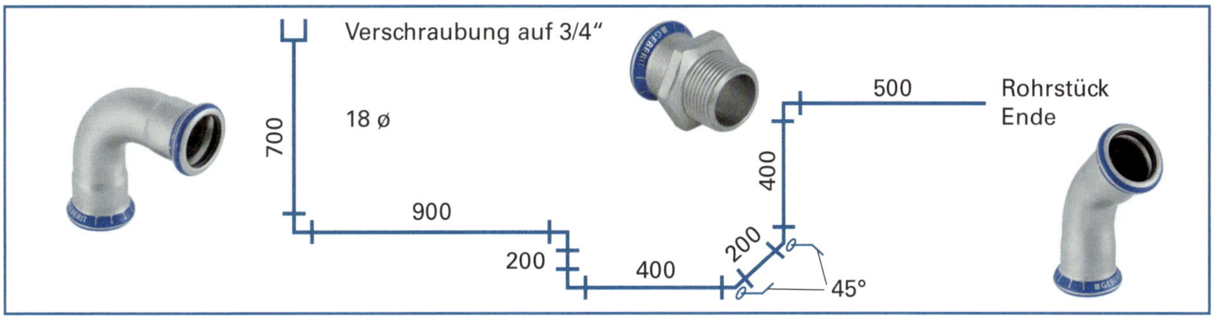

Nr.	Endmaß	1. z-Maß	2. z-Maß	Rohrstück
1				
2				
3				
4				
5				
6				
7				

Gesamtbedarf Rohr in Meter: ____________________

// Übung 2: Kupfer-Presssystem – Kaltwasserverteiler

Tab-Buch

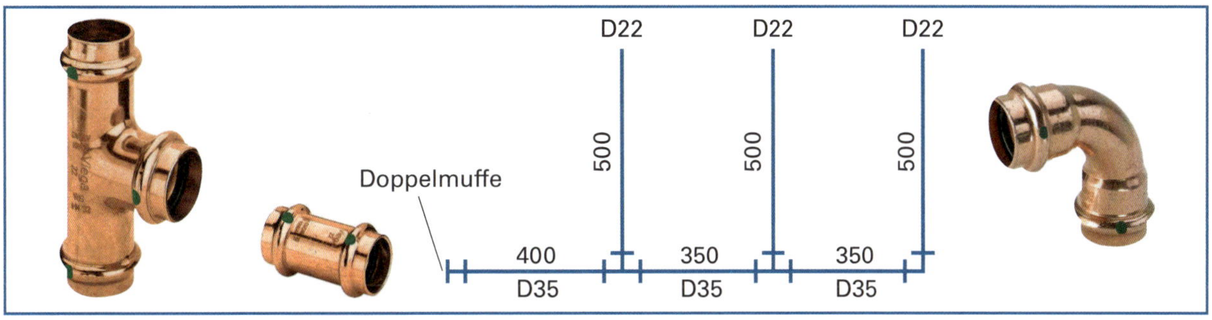

Nr.	D	Endmaß	1. z-Maß	2. z-Maß	Rohrstück
1					
2					
3					
4					
5					
6					

Gesamtbedarf Rohr in Zentimeter: ____________________

// Test: Rohrabschnitte mittels z-Maß-Methode bestimmen

LF3	Rohrabschnitte mittels z-Maß-Methode bestimmen	
Max. Punkte: 34	Erreichte Punkte:	Note:

1. Ermitteln Sie alle Maße für alle Rohrabschnitte!

- Nummerieren Sie die Leitungsabschnitte selbst.
- Zeigen Sie in der Tabelle jeden Rechenweg.
- Das zweite Rohrstück (200 mm) verläuft in der Ebene über zwei 45°-Bögen (kein Sprung nach oben).
- Das erste T-Stück hat einen reduzierten Abgang auf DN20/22ø
- Das zweite T-Stück reduziert den Abgang auf DN20 und eine Reduzierung am Durchgang auf DN25.

Tab-Buch

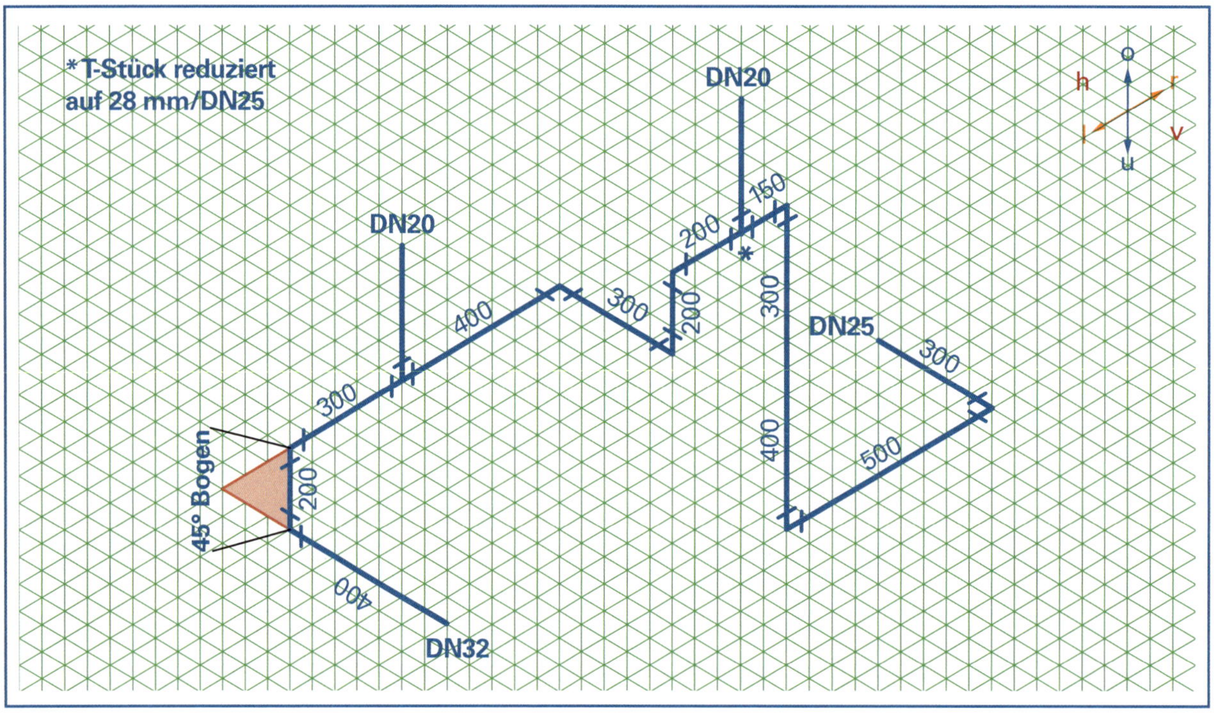

Tipp: Notieren Sie sich die Abmaße der T-Stücke separat im Format **D1 x D2 x D3.**

T-Stück 1: ________________________ T-Stück 2: ________________________

Nr.	DN	Endmaß	1. z-Maß	2. z-Maß	Rohrstück	Punkte
1						___/2
2						___/2
3						___/2
4						___/3
5						___/3
6						___/1
7						___/1
8						___/3
9						___/3
10						___/3
11						___/1
12						___/1
13						___/1
				Gesamtlänge der Rohrabschnitte:		___/2
					Gesamtpunkte:	

2. Fragen zur z-Maß-Methode

a) Zeigen Sie, wie das z-Maß am Formteil/Fitting zustande kommt?
Nutzen Sie optional eine Skizze. [2]

b) Beschreiben Sie, wie Rohrabschnitte außer mit der z-Maß-Methode auf der Baustelle ermittelt werden. Erläutern Sie dann Vor- und Nachteile der z-Maß-Methode im Vergleich. [2]

c) Nennen Sie Beispiele oder Bereiche, in denen die Ergebnisse der z-Maß Methode angewendet werden (außerhalb der Baustelle). [2]

// Weiter mit der Stückliste

Ermitteln Sie mittels z-Maß-Methode die Längen der Rohrabschnitte für Ihre Installation.

Nr.	D	Endmaß	1. z-Maß	2. z-Maß	Rohrstück	
1						
2						
3						
4						
5						
6						

Fehlen Ihnen Fittinge im Tabellenbuch? Auf z. B. viega.de oder geberit.de finden Sie zu allen Formteilen alle Daten. Sie können jeden Hersteller für Kupfer-Presssystem neben dem Tabellenbuch verwenden.

Gesamtlänge aller Rohrstücke: ____________________

Erstellen Sie jetzt eine Stückliste für Ihre Installation „Ausgussbecken im Kesselhaus".

Notieren Sie alles Material, was Sie für die Installation verwenden werden.

Pos.	Menge	Bezeichnung: Entnehmen Sie aus dem Tabellenbuch	

// Fachgespräch: Ausgussbecken

Bereiten Sie Ihre Unterlagen so vor, dass Sie Ihrem Meister, der Klasse oder dem Lehrenden Ihre Ergebnisse präsentieren können. Beachten Sie folgende Präsentationspunkte:

- Zeigen Sie mit dem Finger oder den Stift sehr genau, wie Sie mit Ihrer Rohrleitung verlaufen wollen.
- Erläutern Sie dabei, warum Sie den Verlauf gewählt haben. Es muss Gründe geben, warum Sie so verlaufen wollen und nicht anders. Erläutern Sie Ihre Gründe ausführlich.
- Schätzen Sie eine ungefähre Arbeitszeit, die Sie benötigen werden.
- Präsentieren Sie Ihre Material- und Stückliste. Bitten Sie Ihre Kollegen noch einmal drüber zu schauen, ob noch etwas ergänzt werden muss.
- Planen Sie 4–5 min ein, um Ihrer Ergebnisse zu zeigen.

Das Vorstellen Ihrer Arbeit hilft Ihnen, Ihre Arbeit noch einmal durchzusprechen und darüber nachzudenken, was Sie wie und warum geplant haben (Reflexion). Außerdem hilft es ihren Mitschüler/-innen deren Arbeit mit Ihrer zu vergleichen, Fehler zu finden oder Sie auf Verbesserungen aufmerksam zu machen (Ergebnissicherung). Stellen viele oder alle ihre Arbeit vor, können sich alle sicher sein, den Auftrag korrekt bearbeitet zu haben.

// Kann-Liste: Baugruppen herstellen

Arbeiten Sie die Liste durch, indem Sie notieren, welche Inhalte und Kompetenzen Sie in welchem Auftrag gelernt haben.

Arbeitsteil	Tätigkeiten	Check ✓
Einleitung: Isometrische Darstellung von Rohrleitungen		❑
Einen Würfel zeichnen		❑
Einen Würfel isometrisch zeichnen		❑
Komplexe Körper isometrisch zeichnen		❑
Rohrisometrie in der Ebene zeichnen		❑
Rohrisometrie im Raum zeichnen		❑
Kundenauftrag Ausgussbecken im Kesselhaus		❑
Arbeitsplan Ausgussbecken		❑
z-Maß-Methode		❑

// Test: Kaltwasserinstallation planen – Gäste-WC

LF3	Kaltwasserinstallation planen – Gäste-WC	
Max. Punkte: 50	Erreichte Punkte:	Note:

1. Installation eines Gäste-WCs

Im Rahmen eines Dachausbaus zum Gästezimmer wird ein Gäste-WC installiert. Sie werden von Ihrem Meister beauftragt, die Kaltwasser-Installation zu realisieren.

Es wird ein Handwaschbecken mit 400 mm Breite und 350 mm Tiefe installiert.

Das WC wird als Stand-WC mit Spülkasten am Aufputz installiert. Als Rohrsystem soll Edelstahl Presssystem verbaut werden, alles in D18.

Vorher sollen Sie Ihre Arbeit planen: Rohr- und Materialbedarf (Stückliste), Darstellung im Bauplan (Draufsicht) und Rohrisometrie. Ihr Meister gibt Ihnen eine grobe Skizze an die Hand sowie einen Teil des Bauplans.

Bild 1: Handwaschbecken

Bild 2: WC

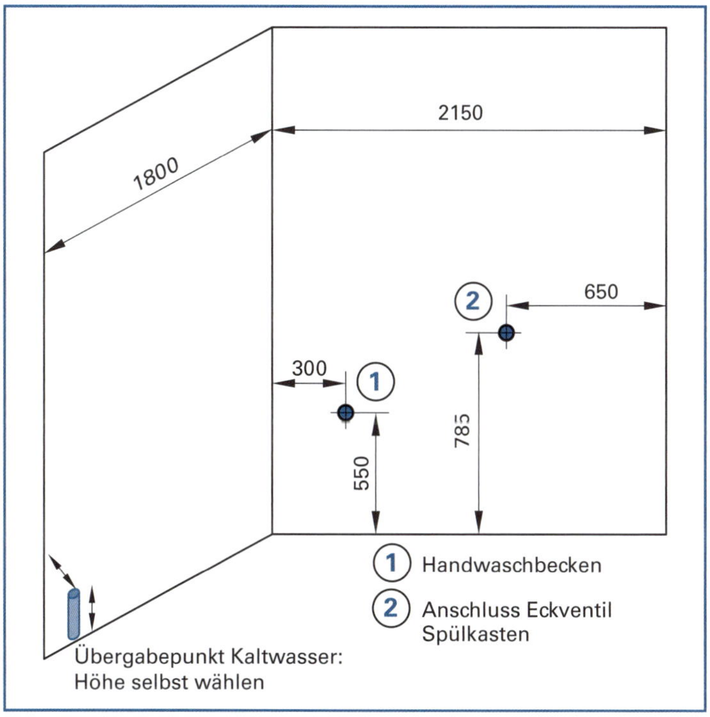

Merke: Weitere Anschlussmaße der Sanitärobjekte finden Sie im Tabellenbuch.

2. Installation eines Gäste-WC's – Draufsicht im Bauplan

Ihnen liegen als Bauplan die Raummaße vor.

- **2.1 Zeichnen** Sie in der **Draufsicht** Ihre Planung des **Rohrverlaufs** ein. [6]
- **2.2 Bemaßen** Sie Ihre **Rohrabschnitte** und die Anschlüsse für WT und WC. Markieren Sie die **Abstände** zu den Wänden. [3]

3. Installation eines Gäste-WCs – Rohrisometrie

Ihnen liegen als Bauplan die Raummaße vor.

- **3.1 Zeichnen** Sie Ihre Planung als **Rohrisometrie.** Wählen Sie den **Maßstab** selbst. [10]
- **3.2 Markieren** Sie die **Stellen,** an denen Sie die Rohrleitung **befestigen** wollen. [6]
- **3.3 Bemaßen** Sie Ihre **Rohrabschnitte** und die Anschlüsse für WT und WC. Bemaßen Sie Abstände zu den Wänden und zum Boden. [7]

4. Installation eines Gäste-WCs – Stückliste und Rohrabschnitte

- **4.1 Erstellen** Sie für die Materialbestellung eine Stückliste. [4]
  Für die Ermittlung der Rohrabschnitte verwenden Sie die z-Maß-Methode. [5]

Nr.	DN	Endmaß	1. z-Maß	2. z-Maß	Rohrstück	Punkte
						___/0,5
						___/1
						___/1
						___/1
						___/1
				Gesamtlänge der Rohrabschnitte:		___/0,5
					Gesamtpunkte:	___/5

- **4.2 Stückliste**

Pos.	Menge	Rohrstück	Punkte
			___/1
			___/1
			___/1
			___/1
			___/1
			___/1
			___/1
			___/1
		Gesamtpunkte:	___/8

- **4.3 Beschreiben** Sie Ihre Arbeitsschritte von Anbindung an den Übergabepunkt bis zur fertigen Installation. [5]

// Bewertung des Tests:

Nr.	Auftrag	erreichte Punkte	mögliche Punkte
1.1.	Zeichen der Draufsicht im Bauplan		6
1.2.	Bemaßung der Draufsicht, Abstände deutliche machen!		3
2.1.	Erstellen der Rohrisometrie, Abstände deutlich machen!		12
2.2.	Markierung der Rohrbefestigung		6
2.3.	Rohrabschnitte bemaßen, Abstände deutlich machen!		7
3.1.	Berechnung der Rohrabschnitte mittels z-Maß-Methode.		5
3.2.	Erstellung der Stückliste inkl. Rohrabschnitte		8
3.3.	Arbeitsplan schreiben		5
Gesamtpunkte			50

Arbeitsheft SHK – Lernfeld 4, Kapitel 1

Technische Systeme instand halten

In den letzten drei Lernfeldern haben wir uns mit dem Aufbauen und Installieren beschäftigt.

Während eines Wochenend-Notdienstes, haben Sie eine **Feuerlöschleitung** installiert. Dafür mussten Sie eine **Rohrkonsole** herstellen, weil die Großmärkte schon geschlossen hatten.

Sie haben sich auch über **Werkstoffe,** deren **Eigenschaften,** Vor- und Nachteile und in welchen Bereichen der Anlagen welche Werkstoffe eingesetzt werden, informiert.

Im **zweiten Lernfeld** haben Sie erkundet, wie **eine professionelle Befestigung** von Rohrleitungen und anderen Anlagenteilen funktioniert. Welchen Einfluss der Verankerungsgrund auf die Dübelauswahl hat und welche Bohrer für welches Material verwendet werden.

Sie haben sich angeschaut, wie **Rohrverbindungen** hergestellt werden.

Zum Schluss haben SIe **ausgerechnet,** was der Einsatz beim Kunden **kosten** muss.

Im **dritten Lernfeld** haben Sie Ihre Fähigkeiten erweitert, Rohrleitungen darzustellen. Als **Isometrie** können Sie jetzt den Rohrverlauf im Raum zeichnen. Mit dieser Technik haben Sie den Anschluss eines Ausgussbeckens geplant und mithilfe des **z-Maßes** eine Stückliste sehr genau erstellen können.

Aber Bauteile, die eingebaut wurden, können auch defekt werden. Das kann aber verhindert bzw. weit verzögert werden, indem wir regelmäßig die Elemente der Anlage warten: **Reinigen, Prüfen, defekte Teile austauschen** und beheben.

Der Oberbegriff lautet hier **„Warten und Instandhalten“.** Die häufigste Wartung und Instandhaltung haben Sie bestimmt in Form einer Heizungswartung erlebt. Sowohl bodenstehende Kessel als auch wandhängende Geräte (z. B. Brennwert- und Heizwertthermen). Das liegt auch an der Pflicht, die Geräte vom Schornsteinfeger prüfen zu lassen und Geräte, die nicht richtig funktionieren, stillzulegen. Neben dieser Wartung gibt es noch viele weitere Elemente im Haus, die regelmäßig angeschaut werden müssen, damit diese richtig funktionieren und auch kein **Risiko im Haus** werden (gesundheitlich, funktional und finanziell). Eine regelmäßige Wartung verhindert eben auch, dass ein kleiner Defekt, der nicht gesehen wird, hohe Kosten verursacht.

1. Einführung in die Instandhaltung

Für die Wartung und Inspektion in der Haustechnik schauen wir uns zunächst die Bereiche der Gesamtanlage einzeln an: **Trinkwasser, Abwasser und Heizung.** Jeder Bereich hat Elemente, die gewartet werden müssen und die gewartet werden können. Manche Wartungen können auch vom Kunden durchgeführt werden, aber nur, wenn Sie als Anlagenmechaniker/-in den Kunden eingewiesen und geschult haben.

Aber zuallererst brauchen wir eine klare Vorstellung davon, was der Unterschied zwischen Inspektion, Wartung und Instandsetzung ist.

Recherchieren Sie im Fachbuch, welche Tätigkeiten unter die jeweilige Instandhaltung fällt.

Fachbuch

Inspektion:

Wartung:

Instandsetzung:

Fassen Sie die Tätigkeiten der drei Bereiche der Instandhaltung auf einen, möglichst kurzen und gut zu merkenden Begriff, zusammen:

Fachbuch

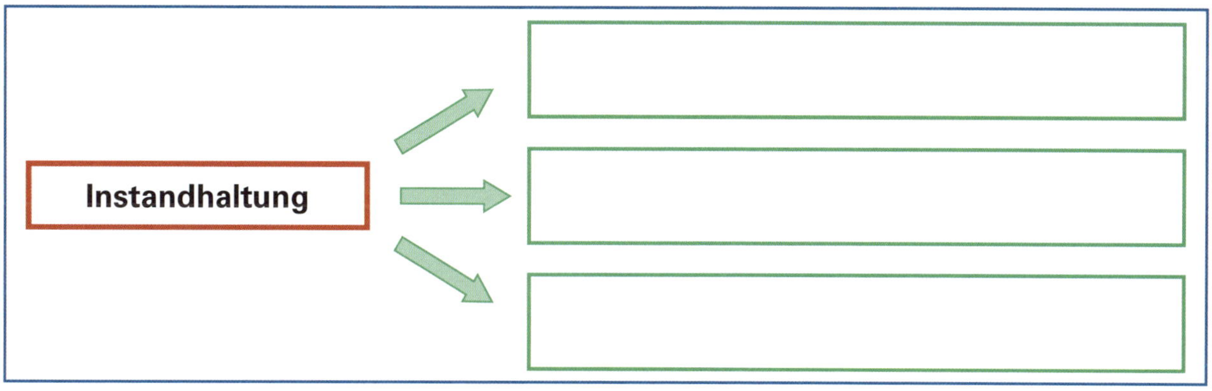

2. Inspektion und Wartung der Trinkwasserinstallation

Fachbuch

Tab-Buch

Als ersten Bereich der Instandhaltung inspizieren wir den Trinkwasserbereich. Es gibt Elemente, die sicherheitsrelevant sind und Elemente, die für die Qualität des Trinkwassers wichtig sind. Im Fach- und Tabellenbuch finden Sie Informationen darüber, welche Elemente wann, wie und von wem gewartet werden. Ergänzen Sie dazu folgende Tabelle, den sog. Wartungsplan.

a) Brainstorming: Füllen Sie zunächst die **blaue Spalte** aus. Gehen Sie im geistigen Auge durch das Haus und überlegen Sie, welche Anlagenteile gewartet und/oder inspiziert werden müssen.

____

____

____

b) Arbeiten Sie im Fach- und Tabellenbuch heraus, wie die Inspektion und Wartung durchgeführt werden. Wie oft und von wem werden die Wartung/Inspektion durchgeführt.

	Inspektion			**Wartung**		
Anlagenteil	**monatlich**	**jährlich**	**Durchführung**	**monatlich**	**jährlich**	**Durchführung**

c) Konnten Sie sechs Wartungsobjekte finden? Hätten Sie gedacht, dass so viele Anlagenteile regelmäßig gewartet werden müssen? Warten Sie im Zuge der Jahresinspektion alle Elemente, die Sie in der Tabelle ausgearbeitet haben?
Schildern Sie Ihre Erfahrungen aus der Alltagspraxis: (Reflexion der Ergebnisse)

2.1 Rückflussverhinderer in Rohrleitungen

Beantworten Sie die folgenden vier Fragen:

Fachbuch

a) Skizzieren Sie einen Rückflussverhinderer schematisch so, dass die Funktion der Armatur nachzuvollziehen ist. Sie können auch den Rückflussverhinderer in einem KFR-Ventil zeichnen. Skizzieren Sie dann nur die Einheit zum Rückflussverhinderer, ohne den Rest des Ventils.

b) Beschreiben Sie, an welcher Stelle im Haus ein KFR-Ventil eingebaut wird?

c) Beschreiben Sie, wie die Rückflusseinrichtung funktioniert und bei welchen Situationen die Einrichtung auslöst.

d) Nennen Sie die notwendigen Arbeitsschritte, die bei einer Inspektion nach DIN1717 durchgeführt werden müssen.

2.2 Nicht rückspülbarer Filter

Beantworten Sie die folgenden vier Fragen:

a) Beschreiben Sie, aus welchen Gründen ein nicht rückspülbarer Filter eingebaut werden muss. Was filtert der Filter im Hausanschluss?

b) Nennen Sie die notwendigen Arbeitsschritte, die bei einer Inspektion durchgeführt werden müssen.

c) Nennen Sie die notwendigen Arbeitsschritte, die bei einer Wartung durchgeführt werden müssen.

d) Erläutern Sie Gründe, wodurch Teile des Filters zerstört werden können und wie der Filter nach einem Defekt instandgesetzt werden kann.

2.3 Rückspülbarer Filter

Beantworten Sie die folgenden drei Fragen:

a) Skizzieren Sie einen rückspülbaren Filter schematisch. Stellen Sie den Aufbau des Filters dar, und wie die Rückspülung innerhalb des Filters die Reinigung ermöglicht. Markieren Sie den Wasserweg beim „Spülen" und „im Betrieb" unterschiedlich.

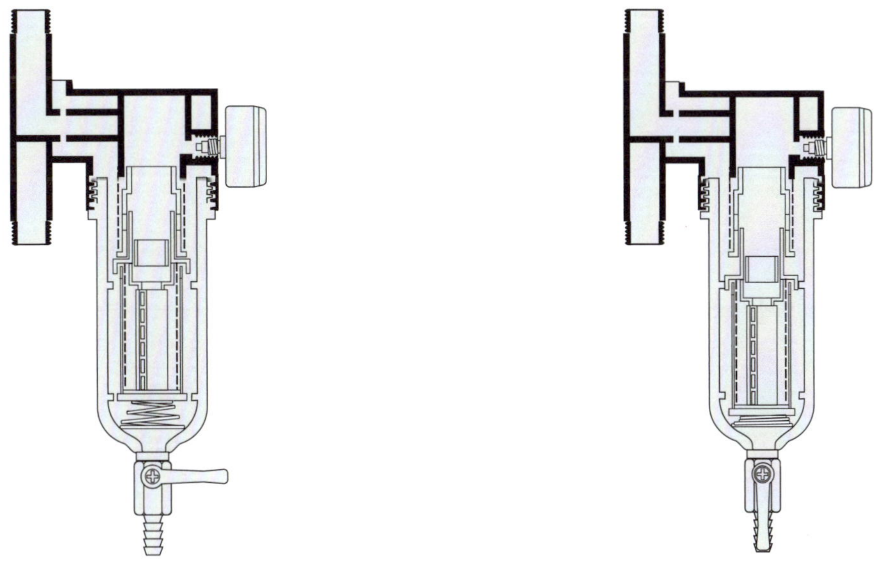

Nennen Sie die notwendigen Arbeitsschritte, die bei einer Inspektion am rückspülbaren Filter durchgeführt werden müssen.

b) Nennen Sie die notwendigen Arbeitsschritte, die bei einer Wartung am rückspülbaren Filter durchgeführt werden müssen.

2.4 Druckminderer

Beantworten Sie die folgenden fünf Fragen:

a) Erläutern Sie die Aufgaben eines Druckminderes im Hausanschluss und welchen Nutzen der Kunde von einem Druckminderer hat.

b) Nennen Sie die notwendigen Arbeitsschritte, die bei einer Inspektion am Druckminderer durchgeführt werden müssen.

c) Nennen Sie die notwendigen Arbeitsschritte, die bei einer Wartung und Instandhaltung am Druckminderer durchgeführt werden müssen.

d) Ergänzen Sie die Textfelder, in dem Sie die Teile des dargestellten Druckminderers benennen.

Fachbuch

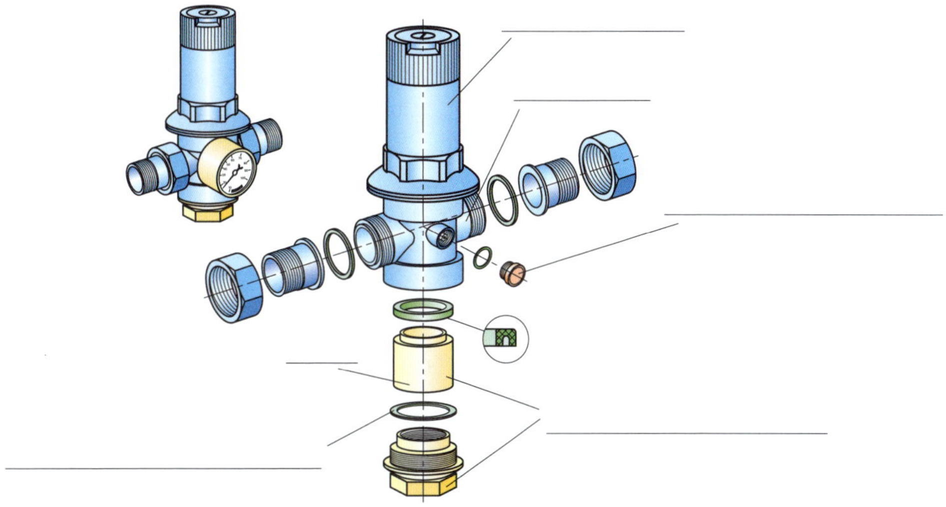

e) Erläutern Sie, wie der Druckminderer mithilfe der von Ihnen benannten Bauteile „den Druck mindert" (Funktionsprinzip). Nutzen Sie auch das Internet.

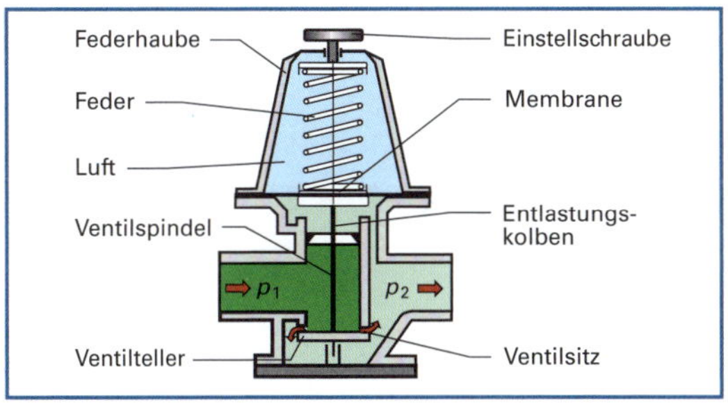

3. Inspektion und Wartung der Abwasser-installation

Im Abwassersystem kann erst einmal wenig durch Benutzung kaputt gehen, da sich kaum bewegliche Teile im System befinden. Druckminderer oder Rückflussverhinderer sind eigentlich ständig in Bewegung. Für den Bereich Abwasser gibt es gewöhnlich nur drei wirklich mechanisch bewegte Einrichtungen: Spülkästen, Hebeanlagen und Rückstauklappen.

Spülkästen unterliegen **keiner Wartungspflicht.** Sie werden so lange betrieben, bis ein Defekt aufkommt. Tritt ein Defekt auf, wird das defekte Teil ausgetauscht und der Betrieb geht weiter. Da Spülkästen sehr robust aufgebaut sind, passiert das sehr selten. Der Kunde kann das sogar noch weiter hinauszögern, in dem er den Spülkasten regelmäßig entkalkt. Das geht mit Zitronensäure, Essig oder mit Entkalker-Tabs aus dem Drogeriemarkt. Sie werden als „Wasserkasten-Tablette" oder „Wasserkasten-Tabs" verkauft. Die Tabs werden in den Spülkasten gegeben, der Tab löst sich etwas auf, wodurch der Spülkasten entkalkt und gereinigt wird. Das Mittel wirkt stark blau färbend auf das Spülwasser.

Tab-Buch

Fachbuch

Fachbuch

Hebeanlagen und **Rückstauklappen** werden mit jedem Spülgang beansprucht. Beide Anlagenteile sind gleichzeitig wichtig für den Kunden.

Hebeanlagen werden dort installiert, wo Abflüsse **unterhalb des Kanals** liegen und so das Wasser nicht allein durch Schwerkraft abfließen kann. Das Wasser wird durch eine Hebeanlage hoch in das Abwassersystem gepumpt. Fällt die Hebeanlage aus, können diese Verbraucher nicht weiter genutzt werden. Wenn die Verbraucher zu einer Wohnung, Duschräume oder zu einem Waschmaschinenraum gehören, bedeutet das, dass in der Zeit des Ausfalls diese Einrichtungen nicht genutzt werden können.

Rückstauklappen sollten in jedem Haus vorhanden sein. Drückt durch **Hochwasser** oder einem **Rohrbruch** Wasser von draußen durch die Abwasserleitung (Grundleitung) in das Haus, löst die Rückstauklappe aus und verhindert, dass Wasser in das Haus eindringen kann und unter Umständen den Keller überflutet. In Hochwasserregionen ist eine Rückstauklappe unverzichtbar. Aber auch in anderen Regionen können durch starke Unwetter Hochwasser entstehen.

Was der Kunde nie erleben will, ist das eine defekte Rückstauklappe oder Hebeanlage Unmengen verschmutztes Wasser im Keller verteilt.

Sowohl Hebeanalagen als auch Rückstauklappen sind wartungspflichtig. **Hebeanlagen nach DIN 12056, Rückstauklappen nach DIN 13564.**

4. Inspektion und Wartung von Hebeanlagen

Lesen Sie den Auszug aufmerksam und unterstreichen Sie Stellen, die Sie für besonders wichtig erachten oder zu welchen Sie Klärungsbedarf haben.

DIN 12056 schreibt zur Inspektion und Wartung von Hebeanlagen Folgendes:

8.1 Inspektion

Abwasserhebeanlagen sollten monatlich einmal vom Betreiber durch Beobachtung von mindestens zwei Schaltzyklen auf Betriebsfähigkeit geprüft werden.

8.2 Wartung

Die Anlage muss regelmäßig durch einen hierfür Fachkundigen gewartet werden. Die Zeitabstände dürfen nicht größer sein als **1/4 Jahr** bei Anlagen in gewerblichen Betrieben; **1/2 Jahr** bei Anlagen in Mehrfamilienhäusern; **1 Jahr** bei Anlagen in Einfamilienhäusern.

Bei der Wartung sind im einzelnen folgende Arbeiten auszuführen:

a) Prüfen der Verbindungsstellen auf Dichtheit durch Absuchen des Umfeldes von Anlagen und Armaturen;
b) Betätigen der Schieber, Prüfen auf leichten Gang und Dichtheit, gegebenenfalls nachstellen und einfetten;
c) Öffnen und Reinigen des Rückflussverhinderers; Kontrolle von Sitz und Kugel/Klappe; Funktionsprüfung;
d) Reinigen der Födereinrichtung und des unmittelbar angeschlossenen Leitungsbereichs; Prüfen des Laufrades und der Lagerung;
e) Ölstandsprüfung, erforderlichenfalls nachfüllen oder Ölwechsel (wenn Ölkammer vorhanden);
f) Innenreinigung des Behälters (bei Bedarf bzw. nach speziellen Erfordernissen);
g) Visuelle Kontrolle des elektrischen Teils der Anlage;
h) Visuelle Kontrolle des Zustandes des Sammelbehälters;
i) Alle zwei Jahre Anlage mit Wasser durchspülen.

Nach Erledigung der Wartungsarbeiten ist die Anlage nach Durchführung eines Probelaufs [...] wieder in Betrieb zu nehmen. Über die Wartung ist ein Protokoll anzufertigen mit Angabe aller durchgeführten Arbeiten und der wesentlichen Daten. Soweit Mängel festgestellt werden, die nicht behoben werden können, sind diese dem Anlagenbetreiber von dem die Wartung durchführenden Fachkundigen sofort schriftlich gegen Quittung zu melden.

8.3 Wartungsvertrag

Den Anlagenbetreibern wird empfohlen, für die regelmäßig durchzuführenden Wartungs- und Instandhaltungsarbeiten einen Wartungsvertrag abzuschließen.

// Quiz: Wartung / Inspektion Hebeanlage

a) Bei der Wartung einer Hebeanlage soll eine Funktionsprüfung über folgende Elemente erfolgen:

❐ Betätigen des Stellrades und der Entleerung auf Leichtigkeit.
❐ Betätigen des Schiebers auf leichten Gang.
❐ Betätigen des Spülkastens für blaues Wasser.

b) Die Wartung soll in folgenden Abständen erfolgen:

❐ 0,25 Jahre in Gewerben, 0,5 Jahre in Mehrfamilienhäusern, 1 Jahr in Einfamilienhäusern
❐ 0,25 Jahre in Mehrfamilienhäusern, 0,25 Jahre in Einfamilienhäusern, 1 Jahre in Gewerben
❐ 0,25 in Einfamilienhäusern, 0,5 Jahre in Gewerben, 1 Jahre in Mehrfamilienhäusern

c) Welche Aussage über die Inspektion ist korrekt

❐ Der Betreiber soll alle paar Monate die Hebeanlage von außen prüfen.
❐ Der Betreiber soll wöchentlich die Anlage auf Betriebsfähigkeit prüfen.
❐ Der Betreiber soll monatlich durch Beobachtung von zwei Schaltzyklen die Anlage prüfen.

d) Wie oft muss die Anlage bei einer Wartung gespült werden?

❐ Alle 6 Monate
❐ Alle 24 Monate
❐ Alle 12 Monate

e) Ein wichtiger Teil der Wartung ist:

❐ Das Überprüfen der Seriennummer wegen der Garantie.
❐ Das Überprüfen der Verbindungsstellen auf Dichtheit
❐ Das Überprüfen des Druckminderers.

f) Was muss nach der Wartung durchgeführt werden?

❐ Erstmal Frühstück holen.
❐ Vor der Inbetriebnahme von außen reinigen.
❐ Ein Probelauf erfolgt vor der Inbetriebnahme.

g) Welche Aussage zum Wartungsvertrag ist korrekt:

❐ Ein Wartungsvertrag ist nicht notwendig, aber „nice to have".
❐ Ein Wartungsvertrag ist grundsätzlich empfehlenswert.
❐ Ein Wartungsvertrag ist nicht notwendig und eher Geldverschwendung.

h) Elektrische Teile der Hebeanlage werden so geprüft:

❐ Es erfolgt eine Sichtkontrolle.
❐ Elektrische Teile werden durchgemessen.
❐ Mit dem Phasenprüfer auf Spannung prüfen.

i) Welche Teile der Anlage müssen gereinigt werden?

❐ Schieber und Dichtungen
❐ Kontrollanzeigen des Sammelbehälters
❐ Innenreinigung des Behälters

j) Der Rückflussverhinderer muss …

❐ geöffnet und gereinigt werden und auf Funktion geprüft werden.
❐ auf Leichtgängigkeit des Schiebers geprüft werden.
❐ alle zwei Jahre mit Wasser gespült werden.

k) Direkt nach der Wartung erhält der Kunde …

❐ eine Rechnung über die Wartung.
❐ ein Wartungsprotokoll über durchgeführte Arbeiten.
❐ die Garantieverlängerung.

l) Bei Mängeln müssen wir Fachhandwerker:

❐ Die Mängel auf dem Protokoll vermerken.
❐ Den Chef über die Mängel informieren.
❐ Den Hersteller der Hebeanlage informieren.

5. Inspektion und Wartung von Rückstauverschlüssen

Tab-Buch

Fachbuch

Für Rückstauverschlüsse gibt es zwei Varianten. Die erste Variante ist ein Rückstauverschluss für fäkalienfreies Wasser (Typ 1 und Typ 2). Dieser werden in Abwasserleitungen eingesetzt, die keine Toilette mit dem Abwassersystem verbinden keine Feststoffe). Der zweite Typ ist ein Rückstauverschluss für fäkalienhaltiges Wasser (Typ 3 für Feststoffe geeignet).

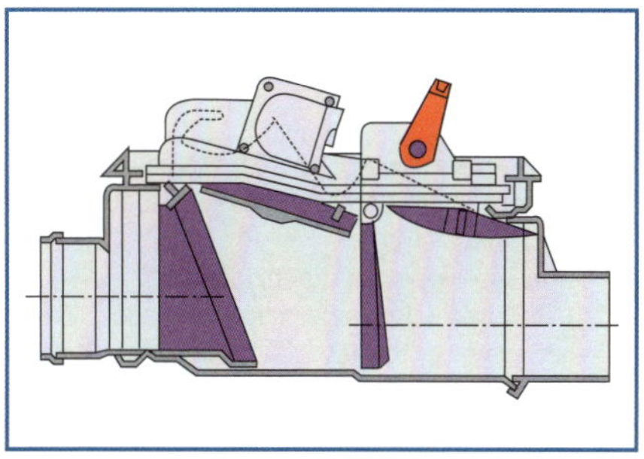

Bild 1: Rückstauverschluss

Im Aufbau unterscheiden sich die beiden Typen in der Technik des Verschlusselements, die beim Auslösen der Sicherung die Klappen schließen und das Eindringen von Wasser verhindern. Den Aufbau der Rückstauverschlüsse können Sie im Fachbuch nachsehen. Tiefergehenden Lerneinheiten dazu erhalten Sie später im Lernfeld 6.

Wir sehen uns jetzt Typ 3 für fäkalienhaltiges Wasser genauer an.

// Inspektion und Wartung eines Typ 3 Rückstauverschlusses (RSV)

Als Grundlage dient ein Produkt der Fa. Kessel (Rückstauautomat Staufix FKA).

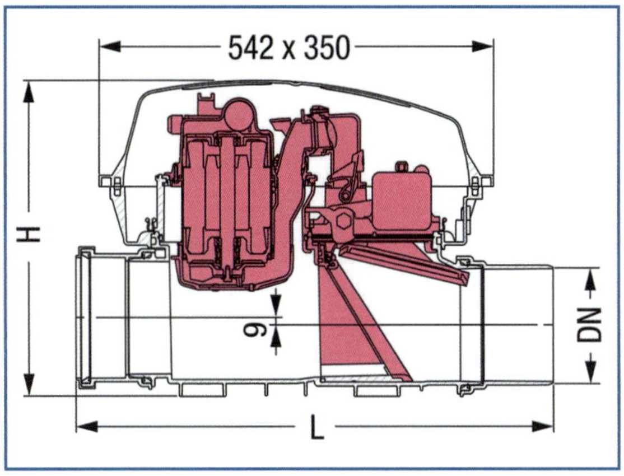

Bild 2: Rückstauverschluss Kessel 1

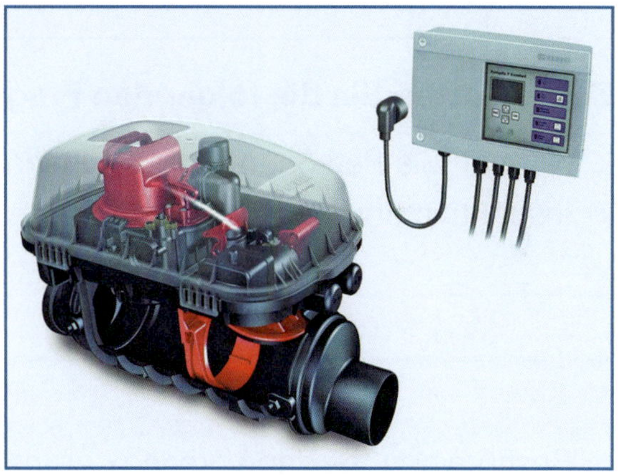

Bild 3: Rückstauverschluss Kessel 2

Genauso gut kann der Rückstauverschluss (RSV) auch von einem anderen Hersteller sein, das Vorgehen der Wartung ist bei allen Produkten ähnlich. Da der Hersteller weit verbreitet ist, nutzen wir die Wartungsunterhalten in dieser Lerneinheit vorzugsweise.

Wichtig: Die Inspektion soll nach unserer Unterweisung durch den Betreiber, also dem Hausbesitzer, Vermieter oder Hausmeister, durchgeführt werden. Es ist also wichtig, dass Sie fachlich gut über die Inspektion und Wartung informiert sind.

Im Folgenden gehen wir die Wartungsanleitung Stück für Stück durch und erarbeiten alle wichtigen Punkte ab. Am Ende gibt es ein Quiz, um Ihr Wissen zu testen.

10. Inspektion und Wartung

10.1 Inspektion

Der Rückstauverschluss ist einmal monatlich vom Betreiber oder dessen Beauftragten zu inspizieren.
Dabei ist folgendes durchzuführen:

- Prüftaste zur Funktionsprüfung des Betriebsverschlusses drücken (siehe Kap. 6.2)
- mehrmaliges Betätigen des Notverschlusses durch schließen und öffnen

Bitte beachten Sie, dass nach Beendigung der Inspektion der Notverschluss geöffnet sein muss!

10.2 Wartung (Abb. 9-14)
Beiliegende Inspektions- und Wartungskarte ist in unmittelbarer Nähe des *Staufix® FKA* anzubringen.
Achtung: Keine Gewährleistung bei unzureichender Wartung!

Der Rückstauverschluss muss mindestens halbjährlich durch einen Fachbetrieb ge-

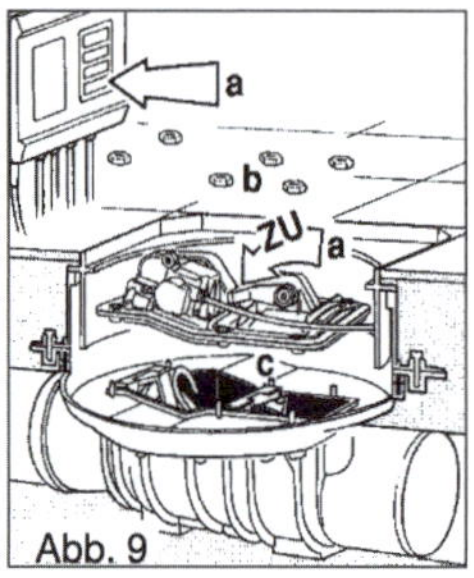

Abb. 9

a) Betriebsverschluss mit Prüftaste schließen. Notverschluss mit Handhebel verschließen.
b) Muttern lösen
c) Deckel entfernen

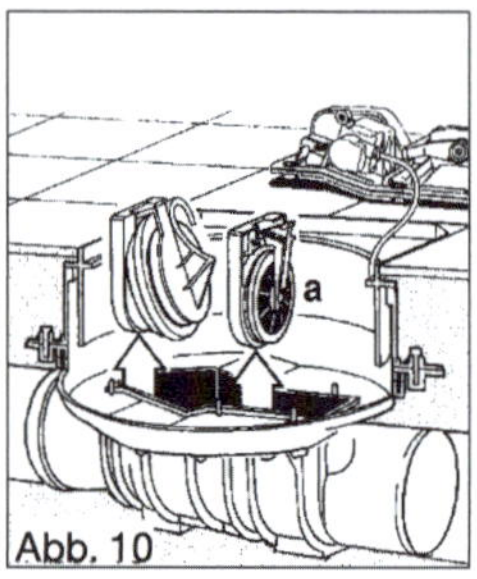

Abb. 10

a) Einschiebeteile herausziehen
b) Alle Teile reinigen
c) Dichtungen überprüfen

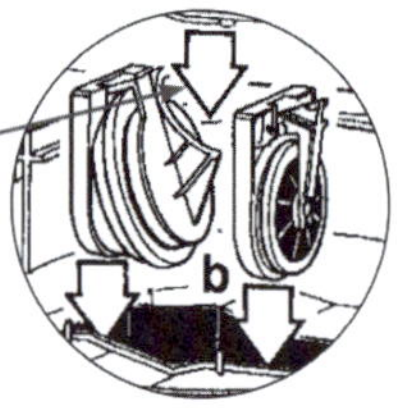

Gleitmittel verwenden!

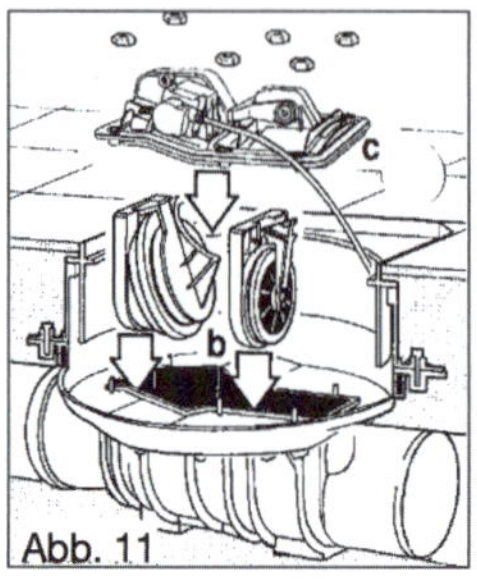

Abb. 11

a) Dichtungen der Einschiebeteile außen sowie Führungsteil der Klappenverschlüsse mit Gleitmittel (z. B. Armaturenfett) einstreichen
b) Einschiebeteile exakt einsetzen
c) Deckelmontage 10.2.2 be-achten (siehe Seite 24)
d) Funktionsprüfung entspr. 10.3 durchführen.

KESSEL

Beantworten Sie die folgenden Fragen:

a) Nennen Sie Personen, die eine Inspektion durchführen dürfen und wie oft die Inspektion durchzuführen ist.

____

____

b) Beschreiben Sie den Vorgang der Inspektion mit eigenen Worten.

____

____

____

c) Beschreiben Sie mit eigenen Worten die Wartung über die Abbildungen 9 bis 11.

____

____

____

____

____

10. Inspektion und Wartung

war-tet werden. Während der Wartung darf der Rückstauverschluss nicht mit Abwasser beaufschlagt werden.

Dabei ist folgendes durchzuführen:

- Entfernen von Schmutz und Ablagerungen
- Prüfen von Dichtungen und Dichtflächen auf einwandfreien Zustand; ggf. Austausch der Dichtungen (siehe Abb. 9-11)
- Kontrolle der Mechanik der beweglichen Abdichtorgane, ggf. Nachfetten (siehe auch Kap. 10.2.1)
- Feststellen der Dichtheit des Betriebsverschlusses durch eine Funktionsprüfung (siehe Kap. 10.3)
- Prüfung der elektrischen Sonde (siehe Kap. 10.4)

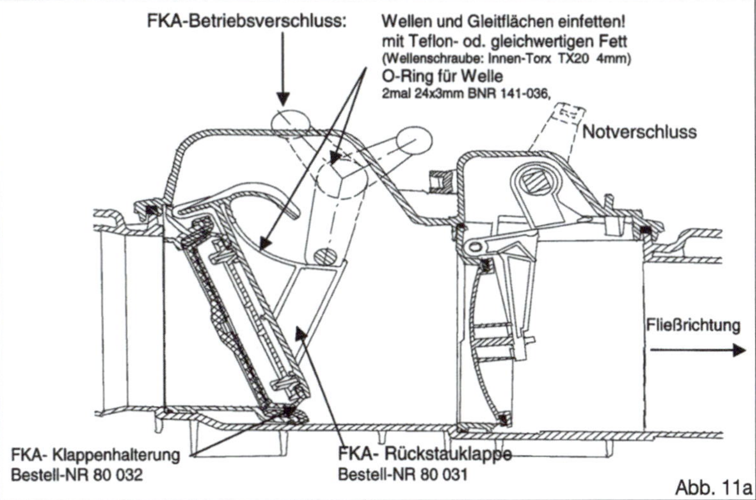

Abb. 11a

10.2.1 Wartung FKA-Rückstauklappe

Bei der Wartung oder Störung (siehe Betriebsanleitung Kapitel 7 Fehlererkennung - Netz und Signal-LED leuchten, Rückstau-LED blinkt, Alarm Betriebsverschluß steht auf „Auf") des FKA-Rückstauverschlusses ist die FKA-Klappe Best.-Nr. 80031 mit Gleitmittel (z.B. Teflonfett oder Armaturenfett) einzufetten.

Der Handhebel des Betriebsverschlusses muß bei entferntem Antriebsmotor leichtgängig sein, gegebenenfalls Dichtungen und Welle mit Teflonfett einfetten.

KESSEL

d) Wie oft soll die Wartung nach Hersteller erfolgen: ____________________

e) Für eine fachlich korrekte Wartung und ihretwillen zuliebe, sollten Sie vor der Wartung eine Vorsichtsmaßnahme treffen:

____

____

f) Nennen Sie die für Sie drei wichtigsten Punkte, die bei der Wartung durchgeführt werden sollen. Begründen Sie Ihre Antwort.

____

____

____

____

____

____

____

____

g) Beschreiben Sie, was nach der Wartung daraufhin deutet, dass Sie Ihre Arbeit fachgerecht durchgeführt haben?

____

____

____

10. Inspektion und Wartung

10.2.2 Montage des Verriegelungsdeckels

Deckel mit beiden Hebeln auf Stellung „ZU“ auf den Grundkörper aufsetzen. Vor dem Anziehen der Muttern Hebelstellung auf „N“- bzw. „AUF“ bringen. Anschließend Abbildung 14 beachten.

3 5
1 2
6 4

Bitte Reihenfolge beim Anziehen der Deckelmuttern beachten (Anzugsdrehmoment 6-10 Nm)

06/00 Bi

Abb. 14

10.3 Funktionsprüfung nach DIN EN 13564 (Abb. 12)

Betriebsverschluss (7) mittels Prüftaste schließen. Den Notverschluss (6) mit dem Handhebel verschließen.

Die Verschlussschraube R1/2“ (1) am Deckel entfernen und den Trichter (2) anschrauben.

Klarwasser einfüllen, bis eine Prüfdruckhöhe von mindestens 10 cm erreicht ist.

Die Wasserspiegelhöhe (= Prüfdruckhöhe) im Trichter ist 10 Minuten zu beobachten und gegebenenfalls durch Nachfüllen auf der ursprünglichen Höhe zu halten. Der Rückstauverschluss gilt als dicht, wenn in dieser Zeit nicht mehr als 500 ccm Wasser nachgefüllt werden muss.

Nach der Prüfung den Notverschluß (6) wieder öffnen. Den Trichter (2) entfernen und die Verschlussschraube (1) mit dem Dichtring in den Deckel einschrauben. Den Betriebsverschluss (7) mit der Prüftaste wieder öffnen.

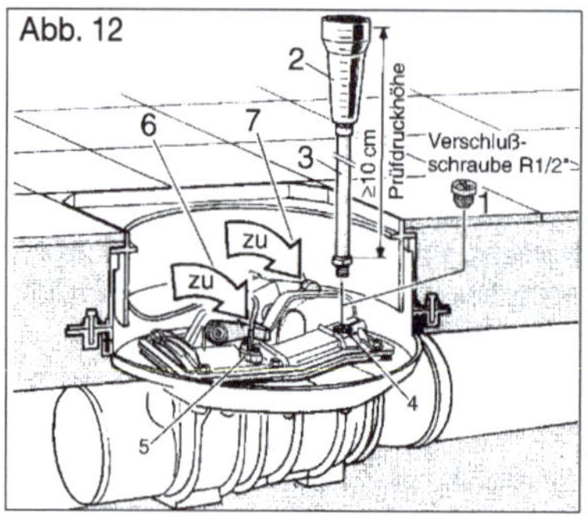

Verlängerungsrohr R1/2“ (3) bei zu tief eingebautem Grundkörper gehört nicht zum Lieferumfang

10.4 Prüfung der optischen Sonde (Abb. 13)

Schrauben entfernen. Die Sonde aus dem Deckel ziehen. Die Sondenlinse in Wasser eintauchen.

Der Betriebsverschluss muss schließen, die optische und akustische Warneinrichtung muß ansprechen. Sobald die optische Linse aus dem Wasser genommen wird, muss der Betriebsverschluss öffnen und das optische und akustische Signal erlöschen.

Die Sonde mit der Dichtung in den Deckel einschieben und mit den Schrauben be-

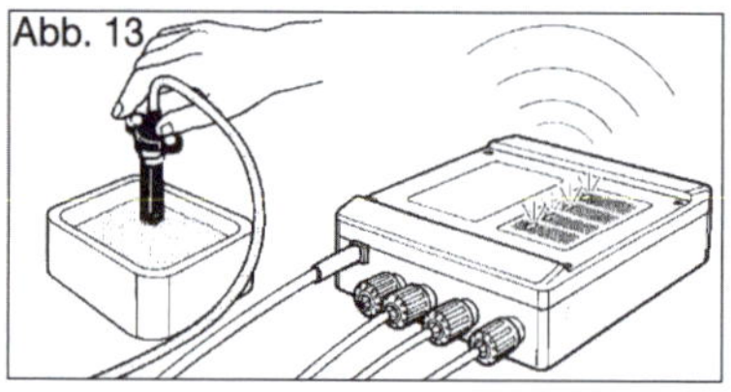

KESSEL

h) Beschreiben Sie den Vorgang „Prüfung der optischen Sonde“ mit eigenen Worten.

____

____

____

____

____

____

i) Beschreiben Sie den Vorgang „Funktionsprüfung" mit eigenen Worten.

j) Skizzieren Sie, nach welcher Reihenfolge die Schrauben des Deckels angezogen werden müssen!

// Quiz zur Wartung RSV

a) Welches Bauteil am RSV sorgt dafür, dass kein Wasser eindringt, wenn Hochwasser herrscht?
- ❐ Der Betriebsverschluss
- ❐ Die Dichtungen
- ❐ Die Rückstauklappe

b) Markiere die Personen, die eine Inspektion am RSV durchführen dürfen?
- ❐ Alle Mieter
- ❐ Die Stadtwerke
- ❐ Betreiber

c) Eine Wartung ist korrekt durchgeführt worden, wenn …
- ❐ der Antriebsmotor lange nachläuft.
- ❐ der Handhebel bei Betätigung Geräusche macht.
- ❐ der Handhebel leichtgängig läuft

d) Ein RSV ist wichtig, um …
- ❐ seine Immobilie aufzuwerten.
- ❐ den Nachbar zu beindrucken.
- ❐ das Haus vor Hochwasser zu schützen

e) Gleitgel brauchen Sie bei der Wartung um, …
- ❐ die Dichtung der Einschiebeteile gleitfähig zu machen.
- ❐ um die Schrauben des Deckels leichtgängiger einschrauben zu können.
- ❐ um den Deckel leichter montieren zu können.

f) Eine wichtige Vorsichtsmaßnahme vor der Wartung ist, …
- ❐ die Anlage stromlos zu machen.
- ❐ eine Schutzbrille tragen.
- ❐ zu verhindern, dass jemand im Haus auf Toilette geht.

g) Ein RSV Typ 3 ist für folgende Abwässer zugelassen:
- ❐ fäkalienhaltiges Wasser
- ❐ nur Regenwasser
- ❐ Abwasser aus Gastronomien

Achtung: Ab hier können mehrere Aussagen korrekt sein! (Mehrfachnennung)

h) Zeigen Sie, welche Aussagen über eine Wartung korrekt sind.
- ❐ Wenn Dichtungen defekt sind, müssen diese mit Gleitgel eingestrichen werden.
- ❐ Die Mechanik muss nicht immer kontrolliert werden, RSV sind sehr stabil.
- ❐ Die elektrische Sonde muss jedes Mal geprüft werden.
- ❐ Wenn Dichtungen defekt sind, müssen diese ausgetauscht werden und dann mit Gleitgel eingestrichen werden.
- ❐ Nach einer fachgerechten Wartung muss die Mechanik schließen.
- ❐ Nach einer fachgerechten Wartung muss die Mechanik leichtgängig und dicht schließen.
- ❐ Schmutz und Ablagerungen sind grob zu entfernen, der RSV ist sowieso gleich wieder dreckig.
- ❐ Klappenverschluss und Welle des Handhebels werden mit Gleitmittel eingestrichen, damit sie leichter laufen.
- ❐ Klappenverschluss und Welle des Handhebels werden mit Armaturenfett eingestrichen, damit sie leichter laufen.
- ❐ Schmutz und Ablagerungen sind vollständig zu entfernen, sonst schließt der RSV u. U. nicht korrekt.

i) Wie oft und von wem soll eine Wartung durchgeführt werden?
- ❐ Halbjährlich vom Betreiber
- ❐ Jedes Jahr vom Fachbetrieb
- ❐ Jeden Monat vom Betreiber
- ❐ Halbjährlich von einer Fachbetrieb
- ❐ Im Quartal von den Stadtwerken

j) Welche Aussagen über eine korrekte Inspektion sind richtig?
- ❐ Die Prüftaste muss betätigt werden und den RSV auslösen.
- ❐ Die Prüftaste nur im Notfall betätigen.
- ❐ Der Notverschluss muss mehrmals betätigt werden.
- ❐ Die Inspektion darf vom Betreiber durchgeführt werden.
- ❐ Der Notverschluss muss nach der Inspektion geöffnet sein.

// Test: Inspektion und Wartung von Trinkwasser- und Abwassersystemen

LF4	Inspektion und Wartung von Trinkwasser- und Abwassersystemen	
Max. Punkte: 80	Erreichte Punkte:	Note:

a) Erläutern Sie grundsätzlich die unterschiedlichen Maßnahmen zur Instandhaltung technischer Systeme. [6]

b) Bennen Sie für folgende Anlagenteile die Durchführung und die Häufigkeit der Inspektion und/oder Wartung. [12]

	Inspektion			Wartung		
Anlagenteil	**monatlich**	**jährlich**	**Durchführung**	**monatlich**	**jährlich**	**Durchführung**

c) Skizzieren Sie schematisch den Aufbau eines Rückflussverhinderers und erläutern Sie, wie dieser bei einer Inspektion geprüft wird. [9]

d) Erläutern Sie die Aufgabe von Filtern im Hausanschluss im Allgemeinen. [6]

e) Nennen Sie Personen, die die Wartung eines rückspülbaren und nicht-rückspülbaren Filters durchführen dürfen. [3]

f) Erläutern Sie das Vorgehen einer Inspektion eines Druckminderers. [4]

g) Ergänzen Sie die Darstellung eines Druckminderes durch Beschriftung der einzelnen Bauteile. [6]

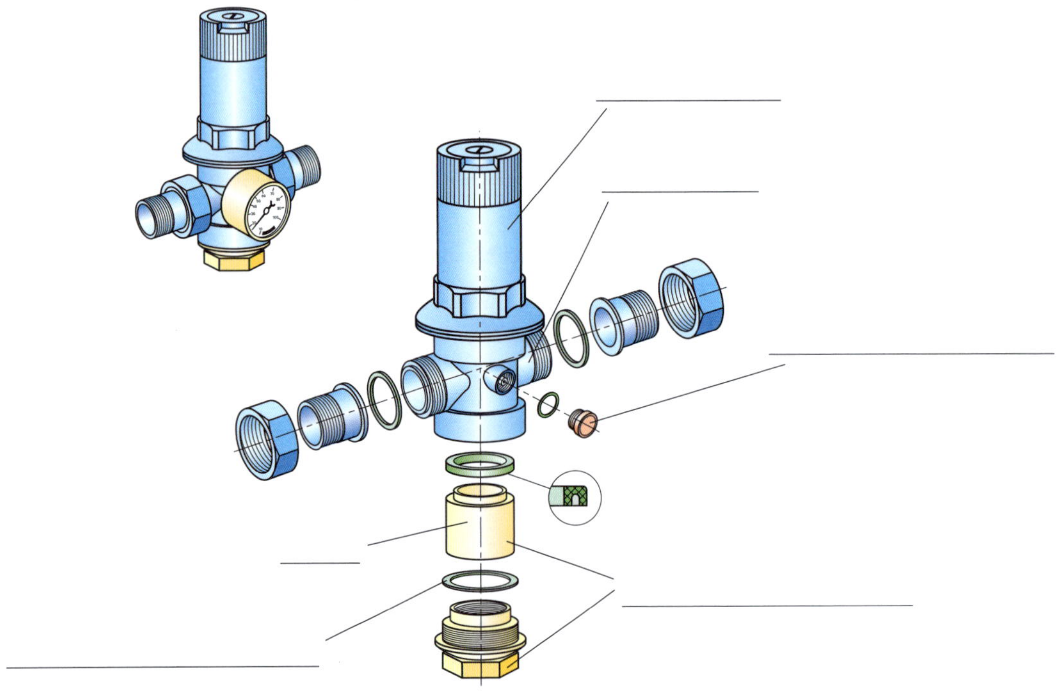

h) Nennen Sie die Zeiträume der Inspektion und Wartung von Hebeanlagen und Rückstauverschlüssen in Einfamilienhäusern. Nennen Sie außerdem die Personen, die zur Durchführung ermächtigt sind. [12]

	Inspektion		Wartung	
Anlagenteil	**Zeitraum**	**Durchführung**	**Zeitraum**	**Durchführung**

i) Erläutern Sie den Vorgang einer Wartung eines Rückflussverhinderers. Je genauer und detaillierter, desto mehr Punkte gibt es. [14]

j) Benennen Sie vorgeschriebene Arbeitsgänge für die Funktionsprüfung nach der Inspektion/Wartung. [5]

k) Beschreiben Sie den Zusammenhang zwischen der Wartung und der Garantieleistung des Unternehmens. [3]

Arbeitsheft SHK – Lernfeld 4, Kapitel 2

Elektrotechnik

Die Elektrotechnik hat in unserem Berufsfeld erheblich an Bedeutung gewonnen. Durchlauferhitzer oder Kochendwasserbereiter gibt es schon sehr lange auf dem Markt, doch wurden diese Geräte eher als Notlösung betrachtet. Zum einem, weil der Komfort noch nicht gegeben war, zum anderen waren **Heizöl** und **Gas** über viele Jahre sehr günstig und somit das Bereitstellen von Warmwasser mittels **Elektrizität deutlich teurer.** Zum Anschließen solcher Geräte braucht es kein großes Wissen über Elektrotechnik. In den letzten Jahren haben einige Hersteller sehr **intelligente Durchlauferhitzer** entwickelt, die an Komfort nichts vermissen lassen. Zum anderen entscheiden sich viele Hausbesitzer für den Umweltschutz und installieren **Photovoltaikanlagen,** um den eigenen Stromverbrauch von der Sonne decken zu lassen. Damit wird das Bereitstellen von Warmwasser durch Elektrizität sehr günstig.

Die Kombination aus **elektrischer Warmwasserbereitung** und **Solaranlagen** (Photovoltaik) ist so günstig für Betreiber, dass sich immer mehr dafür entscheiden, weshalb der **Anteil an Elektroinstallation** in unserem Beruf **stark zugenommen** hat.

Im Rahmen Ihrer Ausbildung erhalten Sie auch **Lehrgänge zur Elektrofachkraft,** weshalb Sie mit Ihrem Gesellenbrief auch Durchlauferhitzer, elektrische Wandspeicher oder Untertischgeräte elektrisch anschließen dürfen. Auch Pumpen, Deckenbeleuchtung im Technikraum oder Wärmepumpen gehören zu Ihren Aufgaben. Mit einer entsprechenden **Fortbildung** dürfen Sie dann auch **Photovoltaikanlagen** installieren. Wenn wir ein wenig in die Zukunft schauen, wird vermutlich kein Haus mehr ohne Photovoltaikanlage gebaut werden, Dafür müssen wirklich viele Kabel verlegt werden.

Es sieht alles danach aus, dass Anlagenmechaniker/-in auch Elektriker/-in sein müssen, um den Beruf erfolgreich ausüben zu können.

Wie angemerkt, werden Sie Elektro-Lehrgänge besuchen. Im Lernfeld 4 beschäftigen wir uns vorbereitend mit einigen **Grundlagen,** mit **Stromlaufplänen** und mit einfachen **Berechnungen.**

Sie müssen als Azubi kein Elektrotechniker sein. Aber eine „elektrische Allgemeinbildung" müssen Sie mitbringen. Zum Beispiel, dass ein Backofen mit Drehstrom funktioniert, der Unterschied zwischen Volt und Ampere oder was die Farben der Leiter in Kabeln bedeuten.

1. Einführung: Grundlagen und Begriffe

Für den Einstieg in die Elektrotechnik schauen wir uns zunächst die Grundlagen an, die den Zusammenhang zwischen Spannung, Strom und Widerstand erklären. Dann verstehen Sie, wie „Strom" funktioniert.

Im Anschluss schauen wir uns an, wie ein Hausanschluss aufgebaut ist, an den wir Verbraucher anschließen, z. B. beim Aufbau einer Heizungsanlage.

Als letzter Auftrag lernen Sie, wie Schaltungen installiert werden, wenn Sie z. B. eine Pumpe mit Anlegethermostat installieren wollen.

1.2 Elektroanschlüsse bei SHK-Anlagen

Beantworten Sie folgende Fragen:

a) Ein Stromkreis besteht aus mindestens drei Teilen. Beschreiben und nennen Sie die Mindestbestandteile.

b) Zeichnen Sie einen Stromkreis und einen Wasserkreislauf als Analogie zum Stromkreis, um die Mindestbestandteile besser zu verstehen.

c) Erläutern Sie die Analogie zum Wasserkreislauf, indem Sie die einzelnen Bestandteile direkt miteinander vergleichen. Spannungsquelle mit Pumpe, Schalter mit Ventil usw. …

Fachbuch

d) Verbindungsleitungen können elektrische Energie leider, wie beim Wasser auch, nicht verlustfrei transportieren. Erläutern Sie grundlegend, wie elektrische Energie transportiert wird und der Verlust möglichst klein gehalten wird.

Fachbuch

e) Brainstorming: Zählen Sie möglichst viele Verbraucher auf, die Sie aus der Haustechnik oder aus Ihrem persönlichen Alltag kennen. Unterscheiden Sie, welche Verbraucher mit „Starkstrom" (Dreiphasen-Wechselstrom) und welche mit „normalen Strom" (Einphasen-Wechselstrom) betrieben werden.

1.3 Elektrische Größen berechnen

Elektrotechnik ist abstrakt. Während Sie die Physik des Wassers sehr gut erfahren können, spielt sich das meiste der Elektrotechnik nur gedanklich ab. Sie können z. B. an einem Gartenschlauch selbst erleben, wie Masse- und Volumenstrom sich anfühlen, bei elektrischem Strom sollten Sie das nicht erleben.

Strom wird in **Ampere [A]** angegeben und kann als Anzahl der Elektronen gesehen werden, die durch die Verbindungsleitung strömen.

Spannung wird in **Volt [V]** angegeben und kann als Druck verstanden werden, der die Elektronen durch die Leitung „drückt".

Die **elektrische Leistung** ist das Produkt aus Strom und Spannung, also „Strom mal Spannung". Je höher die Leistung, desto mehr elektrische Energie steht am Verbraucher zur Verfügung. Vereinfacht ausgedrückt, fließen mehr Elektronen pro Sekunde durch den Verbraucher.

Der **Widerstand** wird in Ohm [Ω = Omega] angegeben und wirkt, wie der Name schon sagt, als Widerstand in der Leitung. Genauer gesagt, „bremst" der Widerstand den Strom. Die Spannung muss den Strom gegen den Widerstand „durchdrücken". Der Widerstand entsteht durch den Werkstoff, da kein Material als Leiter 0 Ω aufweist. Je besser das Material leitet, desto niedriger der Widerstand.

Das folgende Bild ist berühmt und dient als Eselsbrücke:

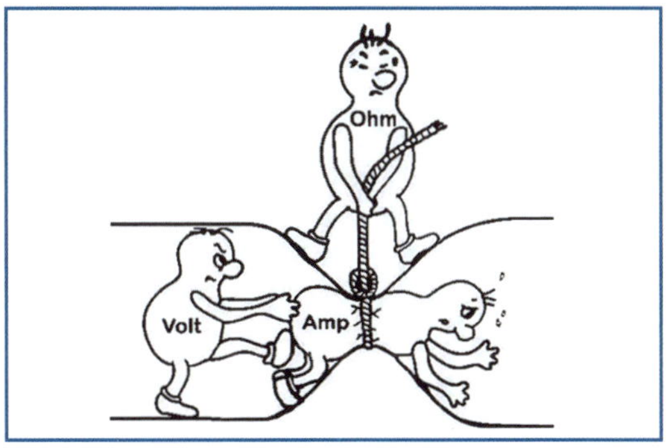

Bild 1: Volt-Ohm-Amp Nadelöhr

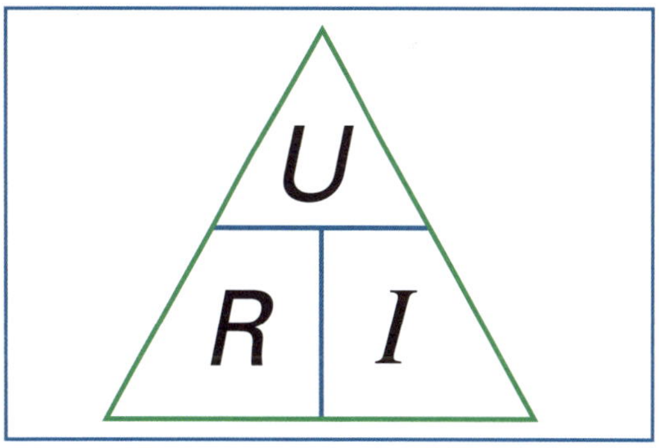

Bild 2: URI-Pyramide

Alle Größen können über das ohmsche Gesetz berechnet werden. Es wird als auch Dreieck dargestellt und wird scherzhaft „URI" genannt.

Das Dreieck URI liefert alle Formeln zur Berechnung von Spannung, Strom und Widerstand auf einem Blick:

Berechnen Sie folgenden elektrischen Größen:

Durch den Leiter fließende elektrische Strom ist umso größer, je größer die Spannung und je kleiner der Widerstand ist.

a) In einem Durchlauferhitzer für ein Waschbecken fließt ein Strom von 5,5 A bei einer Spannung von 230 V. Welchen Widerstandswert hat der Durchlauferhitzer?

b) Ein Durchlauferhitzer weist nach einer Messung einen Gesamtwiderstand von 76 Ω auf und wird mit 230V betrieben. Wie groß ist der aufgenommene Strom?

c) Ein Durchlauferhitzer weist nach einer Messung 52,2 Ω auf und hat eine Aufnahme von 4,4 A. Welche Spannung fließt durch den Durchlauferhitzer?

Für weitere und vertiefende Aufgaben verwenden sie das Buch „Technische Mathematik „Sanitär-, Heizungs- und Klimatechnik" vom Verlag Europa-Lehrmittel, Europa-Nr.: 18111

1.4 Stromlaufpläne lesen und entwerfen

Wenn es um das Praktische geht, findet die Elektrotechnik in unserem Beruf bisher im Anschluss von Verbrauchern (z. B. Durchlauferhitzer, Warmwasserbereiter oder Pumpen) statt. In seltenen Fällen auch mal ein Heizungsnotaus, eine Deckenbeleuchtung im Technikraum oder die Schaltung eines Anlegethermostats bei einer alten Heizungsanlage als Reparatur.

Beschreiben Sie, wo elektrische Energie in der Haustechnik eingesetzt wird, welche Umwandlung stattfindet, um einen bestimmten Funktionsablauf herzustellen. Wir wollen uns sichtbar machen, wo wir als Anlagen- mechaniker/-in überall „Strom" brauchen.

Fachbuch

Die von Ihnen beschrieben Funktionsabläufe müssen mit elektrischer Energie versorgt werden. Das Verlegen von Leitungen zu den Verbrauchern wird als „installieren" bezeichnet. Ein fertiges System ist eine Elektroinstallation.

Schaltungen mit Darstellungen von Anschlussleitungen werden als „Strom-laufpläne" dargestellt. Stromlaufpläne bilden anschaulich die Schaltung ab, wie sie auch tatsächlich in der Realtität verlegt werden. Dann werden sie „Installationsschaltungen" genannt. Sie finden alles darüber in Ihrem Fachbuch in Kapitel 4.7.14.

In diesem Kapitel lernen Sie, wie Schaltungen so gelesen werden, dass Sie diese problemlos mit echten Kabeln und Schaltern nachbauen können. Das funktioniert mit „Stromlaufplänen in zu-sammenhängender Darstellung" besonders einfach. Sie sehen hier die drei gängigen Pläne für die Ansteuerung einer Leuchte.

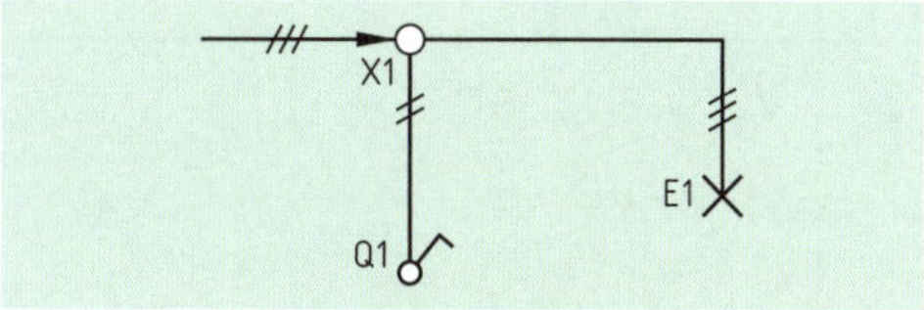

Übersichtsschaltplan

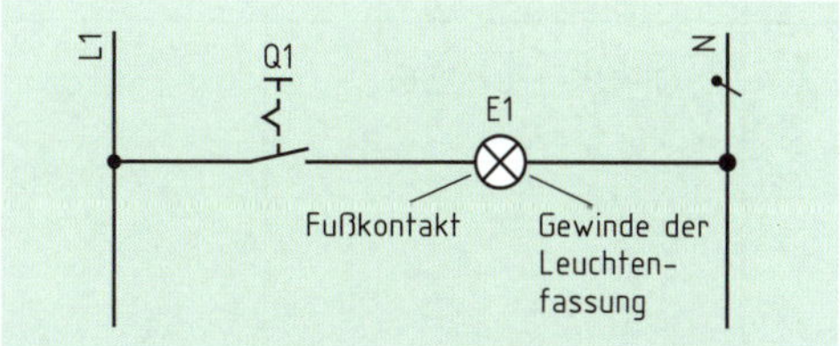

Stromlaufplan in aufgelöster Darstellung

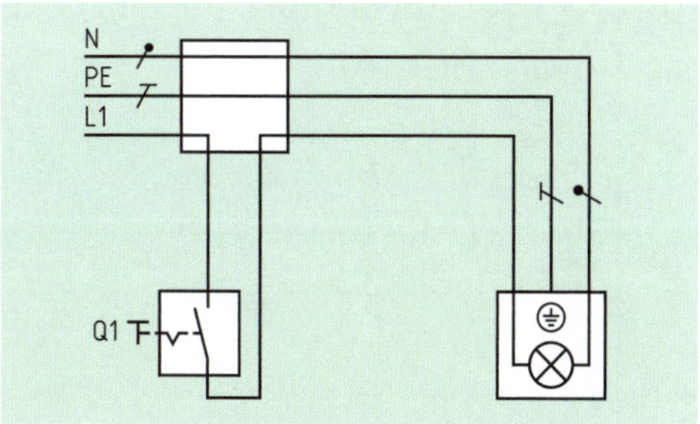

Stromlaufplan in zusammenhängender Darstellung

Fachbuch

Fachbuch

In den Plänen Stromlaufplan und Übersichtsschaltplan sind einige Symbole dargestellt, kennen Sie alle Symbole und wissen Sie, was diese darstellen?

No	Benennung	Im Übersichtsplan	Im Stromlaufplan
1	Ader/Leitung (5-Adrig)		
2	Abzweig		
3	Dose bzw. Verteilerdose		
4	Schalter (einfach)		
5	Serienschalter		
6	Verbraucher: Leuchte		
7	Schuko-Dose		
8	FI-Schutzschalter (40A/30mA)		
9	Wechselschalter		

1.5 Zeichnen von Stromlaufplänen

Sie kennen jetzt grundlegende Symbole und Schaltzeichen in Stromlaufplänen. Im nächsten Schritt lernen Sie gängige Schaltungen kennen, wie Sie Ihnen im Berufsalltag begegnen können.

Wir beginnen mit der Darstellung von einem Ausschalter eines Verbrauchers als Stromlaufplan. Diese Schaltung haben Sie unzählige Male selbst benutzt.

Benennen Sie alle Elemente (Schaltzeichen, Symbole): Ziehen Sie Pfeile und beschriften Sie diese.

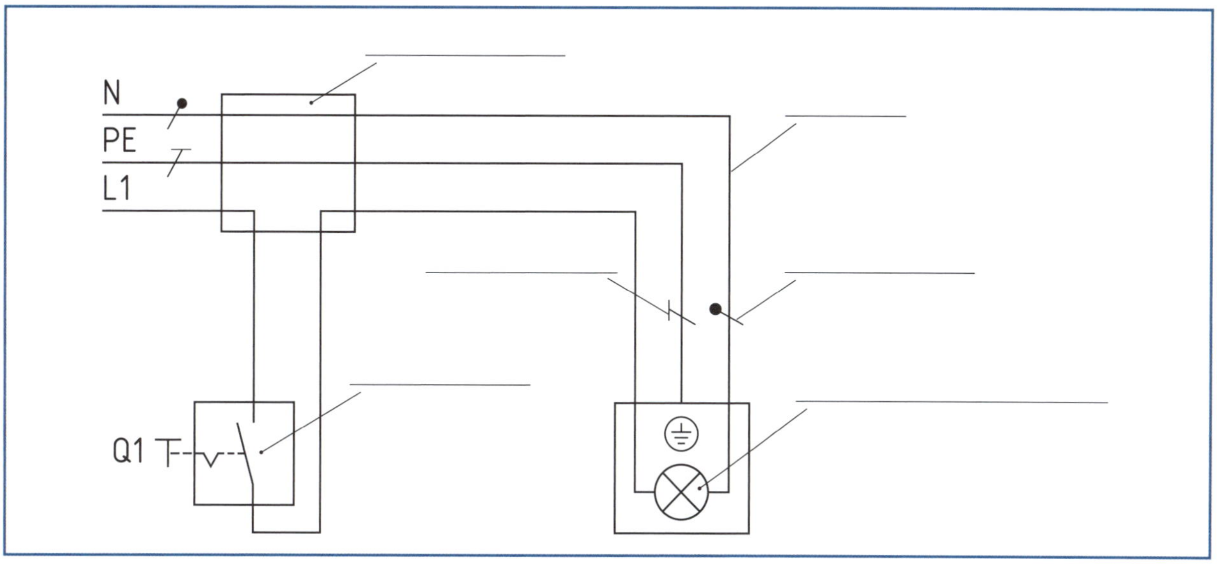

Ein gelernter Elektriker darf das jetzt nicht sehen, aber hier ist die Verlegung der Leitungen etwas realistischer dargestellt, damit Sie eine Vorstellung davon bekommen, wie die Verlegung der Leitungen in der Praxis aussieht:

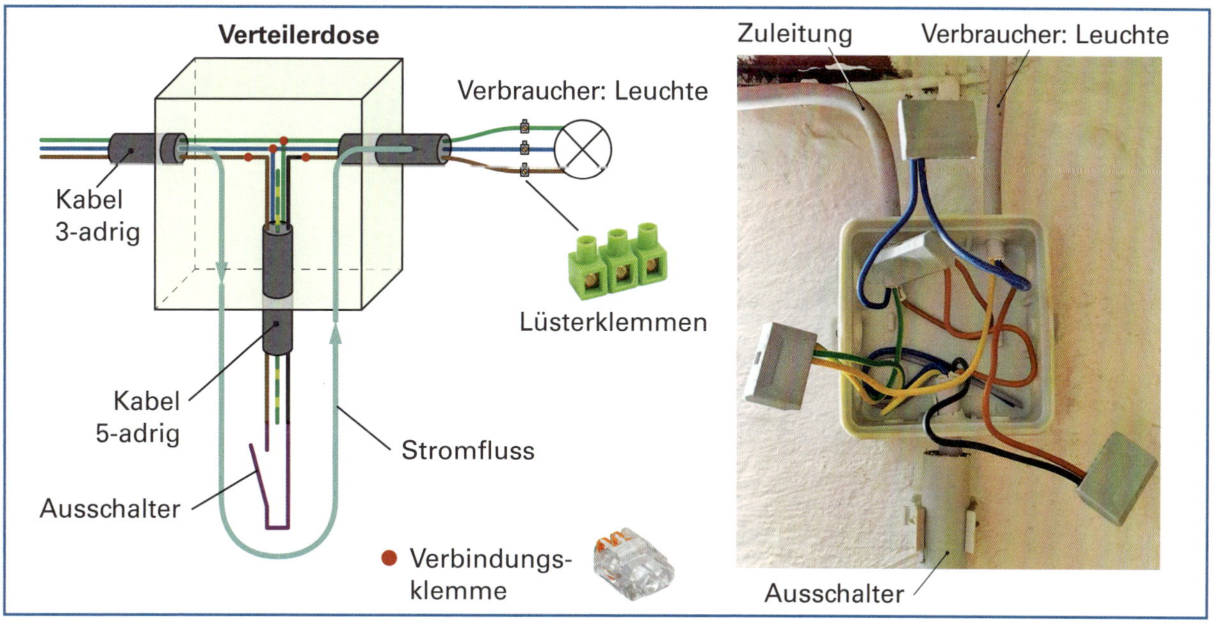

Zeichnen Sie den Stromlaufplan noch mal ab. Allerdings nutzen Sie für jede Ader bzw. Leitung die entsprechende Farbe.

Beantworten Sie folgende Fragen zum Stromlaufplan „Ausschalten eines Verbrauchers".

In den folgenden Aufgaben erarbeiten Sie alle Elemente, die bei der Installation der Ausschaltung verbaut werden müssen.

a) Erläutern Sie die Funktion und den Aufbau einer schraubenlosen Klemme.

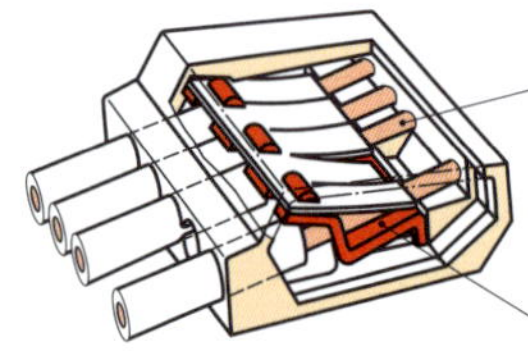

Fachbuch

b) Erläutern Sie die Aderfarben grün/gelb, blau, schwarz, grau und braun!

Farbcode	Adernfarbe englisch	Adernfarbe deutsch	analog
BN	brown	braun	L1
BK	black	schwarz	L2
GY	grey	grau	L3
BU	blue	blau	N
GNYE	green yellow	grün gelb	PE

c) Zeichnen Sie eine „NYM-J 5x6 mm^2"-Leitung mit allen Elementen. Benennen Sie den Einsatzbereich der Leitung.

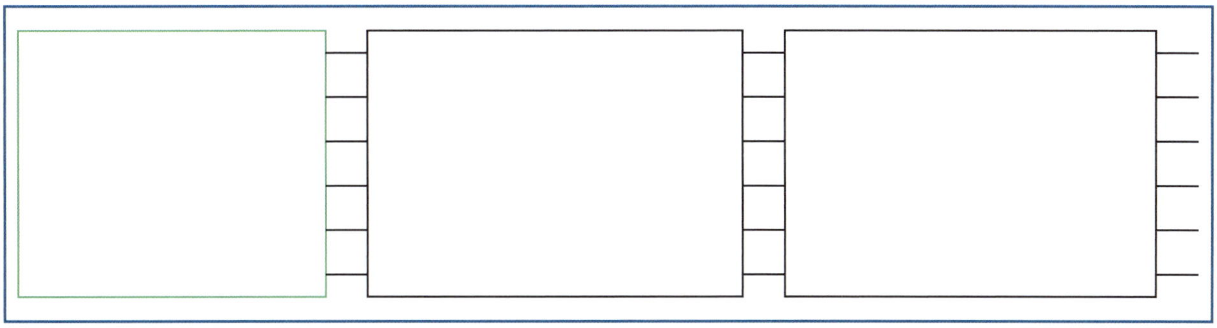

d) Zeichnen Sie eine „NYM 3x1,5 mm^2"-Leitung mit allen Elementen. Benennen Sie den Einsatzbereich der Leitung.

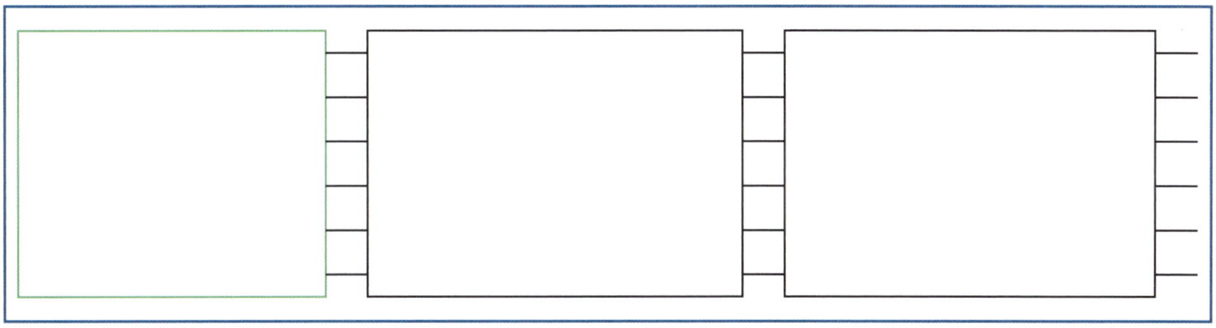

e) Zeichnen Sie eine „NYY-J 5x2,5 mm^2"-Leitung mit allen Elementen. Benennen Sie den Einsatzbereich der Leitung.

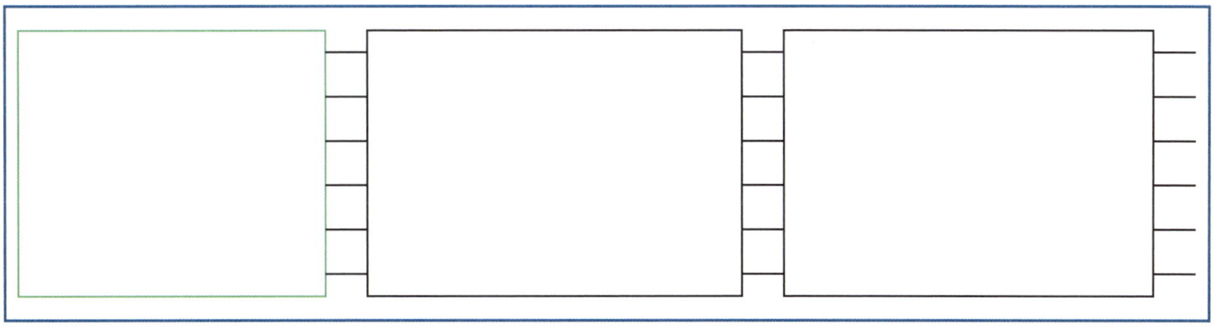

f) Nennen Sie jeweils einen Verbraucher für eine der Leitungen, der speziell mit dieser Leitung angeschlossen werden darf.

Fachbuch

g) Im Stromlaufplan ist auch ein Ausschalter dargestellt. Sie kennen Ausschalter aus Ihrer Wohnung. Das sind die einfachsten Schalter im Haus. Das Anklemmen der Leitung sollte aber nicht für einfach gehalten werden. Skizzieren Sie eine Flachklemme mit Klemmbügel. Erläutern Sie die Funktion der Flachklemme mit eigenen Worten.

h) Das passt zwar jetzt nicht direkt zu Thema, aber wenn wir schon mal dabei sind, Klemmungen zu besprechen und weil es wichtig ist:
Zeichnen und Erläutern Sie die Klemmung eines Schutzkontaktsteckers (sog. SchuKo-Stecker). Erläutern Sie in diesem Zusammenhang die Funktion „Zugentlastung".

Beantworten Sie weiter Fragen zu Schaltungen und Stromlaufpläne:

Fachbuch

a) Erstellen Sie den Stromlaufplan einer Ausschaltung. Nutzen Sie die entsprechenden Farben, wenn es Ihnen hilft, die Leitungswege besser zu verstehen. Die Lösung finden Sie im Fachbuch. Versuchen Sie aber erst den Stromlaufplan selbst zu erstellen.

Fachbuch

b) Erstellen Sie den Stromlaufplan einer Serienschaltung. Nutzen Sie die entsprechenden Farben, wenn es Ihnen hilft, die Leitungswege besser zu verstehen.

c) Erstellen Sie den Stromlaufplan einer Wechselschaltung. Nutzen Sie die entsprechenden Farben, wenn es Ihnen hilft, die Leitungswege besser zu verstehen.

d) Zeichnen Sie den Stromlaufplan einer Gruppenschaltung. Nutzen Sie die entsprechenden Farben.

2. Schutz vor Strom

Das letzte Kapitel ist das wichtigste: Strom kann Leben gefährden. Sowohl bei falsch angeschlossenen Verbrauchern und falsch verlegten Kabeln wie auch beim Verlegen selbst.

Wir werden das Thema nicht ausführlich besprechen, sondern nur die absoluten Basics, sodass Sie sich diese auch merken können. Denn im Ernstfall sollten Sie wissen, was Sie tun, denn auch wenn Sie einen Stromschlag überleben, können Sie Herzprobleme davontragen, ins Krankenhaus müssen oder es werden Ihnen durch austretenden Strom starke Verletzungen zugefügt.

2.1 Schutzpotentialausgleich

Beantworten Sie die folgenden vier Fragen:

Fachbuch

a) Erläutern Sie die Aufgabe des Schutzpotenzialausgleichs im Haus.

b) Beschreiben Sie, an welcher Stelle der Schutzpotenzialausgleich montiert werden muss und wie die Montage fachgerecht ausgeführt wird.

c) Nennen Sie Elemente der Haustechnik, die mit der Haupterdungsschiene verbunden werden.

d) Beschreiben Sie das Vorgehen, wie metallene Rohrsysteme mit der Haupterdungsschiene verbunden werden.

2.2 Schutzarten

Vielleicht ist Ihnen bezüglich Ihres Handys schon mal die Bezeichnung (z. B. IP7) aufgefallen. Auch In-Ear-Kopfhörer haben eine solche Bezeichnung. Die Kennziffer IP gibt an, wie gut ein elektrisches Gerät gegenüber äußeren Einflüssen geschützt ist. Die Kennziffer beginnt immer mit IP und endet mit einer Zahl und/oder Buchstaben.

Beantworten Sie die folgenden drei Fragen:

a) Informieren Sie sich über die Schutzklasse IP Ihres Handys und/oder Ihrer Kopfhörer.

Tab-Buch

b) Benennen Sie die Schutzklasse. Nutzen Sie das Tabellenbuchs.

c) Erläutern Sie die Schutzklassen IP43, IP67 und IP55!

2.3 RCD FI- oder Fehlerstrom-Schutzschalter

Fachbuch

Tab-Buch

Beantworten Sie die folgenden fünf Fragen:

a) Erläutern Sie die Funktion und Aufgabe eines RCD.

b) Nennen Sie die Begriffe, die hinter der Abkürzung RCD stehen.

c) Zeigen Sie die Funktionsweise eines RCD im Fehlerfall.

d) Beschreiben Sie Einbauort und Verwendung eines RCD im Neubau und im Bestand.

e) Zeigen Sie, wie die Funktionstüchtigkeit eines RCD geprüft werden kann.

2.4 Die fünf Sicherheitsregeln für Arbeiten im spannungsfreien Zustand nach DIN VDE 0105

Nennen Sie die fünf Sicherheitsregeln für das Arbeiten im spannungsfreien Zustand.

// Test: Inspektion und Wartung von Trinkwasser- und Abwassersystemen

LF4	Inspektion und Wartung von Trinkwasser- und Abwassersystemen	
Max. Punkte: 80	Erreichte Punkte:	Note:

a) Erläutern Sie die Teile, aus denen ein Stromkreis mindestens besteht. [4]

b) Vergleichen Sie den Stromkreislauf mit einem Wasserkreislauf mit entsprechenden Teilen. Nutzen Sie eine Skizze zur besseren Veranschaulichung. [5]

c) Beschreiben Sie das Verhältnis der elektrischen Größen Widerstand, Stromstärke und Spannung. Nennen Sie alle Formelzeichen und erläutern Sie die Wechselwirkung der Größen untereinander. [4]

d) Berechnen Sie den Widerstand in einem Toaster, wenn in diesem 230 V und eine Stromstärke von 2,3 A fließt. [3]

---

e) Berechnen Sie die fließende Stromstärke in einem Raumthermostat, wenn 230 V bei einem Widerstand von 65 Ω fließen. [3]

---

f) Berechnen Sie die Spannung in einer Heizungsumwälzpumpe, wenn diese bei einer Stromstärke von 2 A einen Widerstand von 114 Ω aufweist. [3]

---

g) Elektrische Energie kann durch Umwandlung vielfältig genutzt werden. Erläutern Sie, was mit Umwandlung gemeint ist, und nennen Sie mindestens zwei Beispiel aus Ihrem Berufsfeld. [5]

---

h) Zeichnen Sie den Stromlaufplan für eine Serienschaltung für drei Verbraucher. Zeichnen Sie alle Adern in den entsprechenden Farben. [8]

i) Zeichnen Sie die Symbole für einen einfachen Schalter, einer Schuko-Dose und einen Wechselschalter in Stromlaufplänen. [3]

j) Nennen Sie eine Möglichkeit, die Adern in der Verteilerdose zu verbinden. Nennen Sie das Element und erläutern Sie dessen Funktion. [4]

k) Ihnen liegt ein Kabel H07R-F, 5x1 mm^2 vor. Beschreiben und benennen Sie Bezeichnungen, Farben und alle Elemente am Kabel. Als Hilfestellung können Sie eine Skizze anfertigen und diese mit Pfeilen beschriften. [5]

l) Erläutern Sie die Maßnahme der Zugentlastung in der Elektrotechnik. Wo wird diese angewendet und wie wird sie angewendet? [3]

m) Erläutern Sie die Aufgabe des Schutzpotentialausgleichs im Haus. [4]

n) Nennen Sie mindestens fünf Anlagenteile, die mit der Haupterdungsschiene verbunden werden müssen. [5]

o) Ein Wandthermostat wird mit der Schutzklasse IP20 angegeben. Zeigen Sie, gegen was die Pumpe geschützt ist. [3]

p) Erläutern Sie die Funktion und Aufgabe eines RCD. [5]

q) Zeigen Sie, wie die Funktionstüchtigkeit eines RCD geprüft werden kann. [3]

r) Nennen Sie die fünf Sicherheitsregeln für das Arbeiten im spannungsfreien Zustand. [10]

Bildquellenverzeichnis

Bild	Seite	Quelle
1	7	„Hilti Deutschland AG, Hiltistraße 2, 86916 Kaufering"
1	34	„Hilti Deutschland AG, Hiltistraße 2, 86916 Kaufering"
1	42	„Geberit Vertriebs GmbH, Theuerbachstraße 1, 88630 Pfullendorf"
1	43	Pixabay GmbH, Berlin: © ArtTower
2	43	© 1971markus@wikipedia.de / CC BY-SA 4.0
2	44	Pixnio.com: © Tama66 / CC0
1	54	© 1971markus@wikipedia.de / CC BY-SA 4.0
1	62	„SANHA GmbH & Co. KG, Im Teelbruch 80, 45219 Essen"
2	63	„Geberit Vertriebs GmbH, Theuerbachstraße 1, 88630 Pfullendorf"
1	63	„DVGW-Hauptgeschäftsstelle, JOSEF-WIRMER-STR. 1–3, 53123 BONN"
2	72	„Geberit Vertriebs GmbH, Theuerbachstraße 1, 88630 Pfullendorf"
1	76	„Adolf Würth GmbH & Co. KG, Reinhold-Würth-Straße 12–17, 74653 Künzelsau-Gaisbach"
1	78	„Adolf Würth GmbH & Co. KG, Reinhold-Würth-Straße 12–17, 74653 Künzelsau-Gaisbach"
1	79	„Adolf Würth GmbH & Co. KG, Reinhold-Würth-Straße 12–17, 74653 Künzelsau-Gaisbach"
1	80	„Adolf Würth GmbH & Co. KG, Reinhold-Würth-Straße 12–17, 74653 Künzelsau-Gaisbach"
2	89	„Adolf Würth GmbH & Co. KG, Reinhold-Würth-Straße 12–17, 74653 Künzelsau-Gaisbach"
1	89	„Adolf Würth GmbH & Co. KG, Reinhold-Würth-Straße 12–17, 74653 Künzelsau-Gaisbach"
1	94	„DVGW-Hauptgeschäftsstelle, JOSEF-WIRMER-STR. 1–3, 53123 BONN"
2	94	„Adolf Würth GmbH & Co. KG, Reinhold-Würth-Straße 12–17, 74653 Künzelsau-Gaisbach"
1	102	„REHAU Industries SE & Co. KG, Rheniumhaus, Helmut-Wagner-Str. 1, 95111 Rehau"
2	102	„REMS GmbH & Co KG, Stuttgarter Straße 83, D-71332 Waiblingen"
1	104	„Geberit Vertriebs GmbH, Theuerbachstraße 1, 88630 Pfullendorf"
1	105	„Geberit Vertriebs GmbH, Theuerbachstraße 1, 88630 Pfullendorf"
1	106	„REHAU Industries SE & Co. KG, Rheniumhaus, Helmut-Wagner-Str. 1, 95111 Rehau"
1	107	„Viega GmbH & Co. KG, Viega Platz 1, 57439 Attendorn"
2	118	„Geberit Vertriebs GmbH, Theuerbachstraße 1, 88630 Pfullendorf"
1	119	„Geberit Vertriebs GmbH, Theuerbachstraße 1, 88630 Pfullendorf"
2	119	„Geberit Vertriebs GmbH, Theuerbachstraße 1, 88630 Pfullendorf"
1	120	„CAD Schroer GmbH, Fritz-Peters-Straße 11, 47447 Moers"
1	139	„Geberit Vertriebs GmbH, Theuerbachstraße 1, 88630 Pfullendorf"
2	139	„Viega GmbH & Co. KG, Viega Platz 1, 57439 Attendorn"
1	147	„Villeroy & Boch AG, Saaruferstraße, 66693 Mettlach„
2	147	„OBI GmbH & Co. Deutschland KG, Albert-Einstein-Straße 7–9, 42929 Wermelskirchen"
1	163	„Kessel AG Bahnhofstraße 31, 85101 Lenting"
2	163	„Kessel AG Bahnhofstraße 31, 85101 Lenting"
3	163	„Kessel AG Bahnhofstraße 31, 85101 Lenting"
1	164	„Kessel AG Bahnhofstraße 31, 85101 Lenting"
2	165	„Kessel AG Bahnhofstraße 31, 85101 Lenting"
3	166	„Kessel AG Bahnhofstraße 31, 85101 Lenting"